解密！
CIA通靈部隊

監控核武、拯救人質、刑偵破案，美國「星門計畫」
及遙視能力開發的真實記錄

羅素‧塔格————著　曾建盛————譯

THIRD EYE SPIES
Learn Remote Viewing from the Masters

高寶書版集團

目錄

CONTENTS

圖表索引

◆

推薦序

　　我是美國陸軍的通靈間諜。是真的！我是名陸軍通靈間諜。在軍隊服務幾近 7 年，擔任美國陸軍上將，亦是第一批訓練利用超感官知覺（ESP）能力，投射自我意識來窺視國內外地點的人。在受訓之前，我未曾發覺自己擁有這些能力。確切來說，我現在是在談一種稱為「遙視」或簡稱「RV」的超能力。

　　正如羅素在本書前半段提及的這個詞「遙視」（remote viewing），遙視一詞是由紐約一名傳奇的藝術家及超自然心理學學者英果・史旺（Ingo Swann）命名的。（公開致意：史旺教會我使用遙視，我對他及挹注資金於本研究的納稅人表達衷心感謝。）

　　簡單來說，遙視是人類擁有的一種意識，人人皆有此能力，其能讓我們經歷、覺察與描繪人類、地點，以及因為距離、隔閡，甚或過去、未來（某種程度而言）而被隱藏的事物。我常將此能力視為「透過訓練得來的

超能力」（disciplined clairvoyance）。

　　我是在數名軍官、服役的士兵以及政府雇員之中，學習此超能力來監看蘇聯的研究機構、高階武器及科學實驗室的成員之一。我們「窺視」遭黎巴嫩真主黨（Hezbollah）劫持的人質、追捕在美國海岸附近的毒販、「觀察」中國核武測試、「侵入」克里姆林宮，以及探索「我國及他國」研發的新興防禦技術。

　　特異功能當然有不準的時候，但特異功能在很多情況下效果極好，有時更是令人驚艷（這本書中也將提及諸多令人讚嘆的結果）。當某些懷疑論者嘲笑超感官知覺論無用時，我們提出的具體證據數量，使我們能笑到最後、笑得最大聲。

　　我能成為通靈間諜很大一部分得歸功於本書作者羅素・塔格（Russell Targ）。羅素及其同事在加州備受景仰的智庫——國際史丹佛研究所（SRI International）工作，在傳統科學一門獨大的潮流下，他敢於逆流而行。羅素團隊的任務是補足美國情報單位（US intelligence community）無法自行補全的防禦技術。如果他們當初未能成功地填補缺漏，我永遠沒有機會成為通靈間諜。

在 1960 及 1970 年，中央情報局（CIA）對於蘇聯軍隊挹注大筆資金在西方「學者」普遍嗤之以鼻的「超自然」（paranormal）領域上感到擔憂（對他們而言，「超自然」等同於「魔幻」）。正是因為這種擔憂，促使中情局在 1972 年秋天，登門拜訪在史丹佛研究所任職的物理學家哈爾・帕洛夫（Hal Puthoff）。中情局探員開了一張五萬美元的支票作為種子基金，要求他設立專責調查超自然現象的團隊，研究蘇聯已先行開始的超自然領域。

羅素長期以來一直關注這些議題，與哈爾在當時剛認識，在「該計畫」實質的推動下，順勢進入史丹佛研究所與哈爾共事，最後進展成稱為「星門」（Star Gate）的通靈間諜計畫。星門計畫由美國政府發起，進行 23 年，一直到冷戰結束後才停止，但此舉足以揚名後世。

這篇序主要是想以簡短的方式向你介紹這本鉅作，解釋書中脈絡，並為後續章節鋪陳。

在媒體一開始撰寫有關「中情局星門計畫」的報導時，他們常感困惑，甚至一頭霧水。媒體認為計畫僅有一種名稱，顯示這名稱代表整體，但他們誤會了。首先我得強調，星門是後來的稱呼，在被稱為星門前，這個計畫是以各種不同的神秘名稱代指，例如斯勘涅（Scanate）、熾火（Grill Flame）及太陽之紋（Sun Streak）等等。星門之所以被沿用，是因為這個名稱廣為大眾所知。

如果你將星、門解讀為兩條平行卻相織的線──如同一顆樹分離的兩根樹幹，你就會更加了解這個名稱的意思。第一根樹幹代表星門的研究左右手，用來調查超能力現象，特別是遙視。星門計畫始於史丹佛研究所，在美國本土執行且由羅素及哈爾主掌，起初是與中情局簽訂合約資助，為一切超能力研究的基礎。

1975 年，中情局迫於壓力不得已放棄星門計畫，資金來源及指導單位才改由國防部下轄機構承接，起初是由空軍部、其次是陸軍部，到最後的國防情報局（Defense Intelligence Agency）。（羅素時常提及對詹姆

士‧威廉斯中將 [Lieutenant General James Williams] 的
敬意，因為國防情報局在他的指導下，長期致力於發展
遙視試驗。）

　　諷刺的是，中情局從未再次「接掌」星門計畫，即
便大家都認為這是中情局專責的項目，然而它扮演的唯
一角色僅是在 1995 年 6 月中止這項計畫。對我們這種
心繫著星門計畫的人而言，無疑是將心愛的小狗給信得
過的鄰居認養，但鄰居一認養後便射殺他，這感覺是不
是很五味雜陳？難免會有點吧。

　　星門計畫確定好由誰接掌後，史丹佛研究所（後
來轉移至由艾德‧梅爾博士領導的科學應用國際公司
[Science Applications International Corporation]，亦稱
SAIC）的任務是呈現他們的研究調查給其客戶國防部，
以提供給執行星門計畫的其他單位，亦即軍方的「通靈
部隊」使用。史丹佛研究所確實發現了一具體的研究進
展，但羅素與其研究所同事大部分做的事情都是以科學
實驗為主。因此，本書的出版旨在將羅素進行過的實驗

結果和經歷，並闡述這種能力如何幫助我們的世界。

　　服役於萊特派特森空軍基地（Wright-Patterson Air Force Base）的空軍民用分析師戴爾・克雷夫（Dale Graff）曾短暫的負責過星門計畫，後來於 1970 年末才由馬里蘭州米德堡專責處理，中間歷經數次轉折（在此就不贅述乏味的官僚細節了）。

　　最初由陸軍情報暨安全指揮部（Army Intelligence and Security Command）管理，後來該單位的行政所有權於 1986 年初移交至國防情報局總部位於華盛頓哥倫比亞特區的波林空軍基地（Bolling Air Force Base），但實際進行遙視的人員仍留在米德堡。

　　我們這群遙視能力者為 24 個情報單位及軍事機構執行超過 2,500 項情報蒐集任務，這些機構包括國家安全局（National Security Agency）、參謀首長聯席會議（Joint Chiefs of Staff）、美國特勤局（US Secret Service）、緝毒局（DEA）、駐韓美軍司令部（U.S. Forces Korea）、陸軍情報威脅及分析中心（Army's Intelligence Threat and Analysis Center），以及國家安全

會議（National Security Council）。諷刺的是，我們承接最多任務的單位，竟是最後中止星門計畫的中情局。

　　國會將星門計畫轉移至中情局前（同前所述，導致該計畫慘遭扼殺），國防情報局指導並資助我們在史丹佛研究所的研究（後來是科學應用國際公司）。星門計畫大幅推進遙視及其他意識科學研究的發展。世人欠羅素及其同事一筆大恩情，因為他們深謀遠慮，我們才可能從中受益。

　　羅素做事有自己的規劃。1982 年，他向待了 10 年的史丹佛研究所告別，目的是為了尋求一個更自在的狀態進行意識科學研究，與以往得按政府合約要求，進行令人窒息的機密研究相比，更加快活。羅素離職後涉足不同領域，持續前進，不曾回頭。

　　當與羅素談及星門計畫時，他總形容其為「遙視繪本」。導演兼製作人蘭斯・蒙吉亞（Lance Mungia）拍攝的紀錄片《通靈部隊》（*Third Eye Spies*）大獲成功，由於羅素於該片飾演核心角色，從而促使其有出版一本

姊妹作的想法。因此，本書恰如其分地沿用這個名稱，匯聚及補充影片裡出現的小插曲及訪談。

　　本書將有些未曾公開過的遙視故事及照片集結，以比影片更觸手可及的方式呈現。畢竟，停電的話，我們可以隨時從書櫃挑本書來喚醒記憶或提醒自己熱愛書中哪些部分。試著對電影採取同樣的策略吧。

　　或許本書中最引人入勝的內容是未卜先知（亦即「預知」未來的事件或訊息），以及如何自己開發基本遙視能力。後者能特別嘉惠許多想嘗試卻苦於不知從何開始的素人。羅素憑藉平易近人，更重要的或許是易於上手的指引，幫助從未嘗試遙試但對此感興趣的素人邁出第一步。他會提供你在無數現場工作坊及公開場合當中成功運用過的基本技巧，協助從義大利的家庭主婦到美國商人，獲得首次自主遙視體驗。

　　羅素明白他的人生已步入遲暮之年，但我們能在他身上感受到一股衝勁，是一種一旦意識到我們毫無預警地受到年紀增長帶來的挑戰，記錄種種過去不同的個人重要經歷時，會更加顯著的衝動。本書值得翻閱的理由

太多太多，邀請你給本書一個應有的機會。

保羅・史密斯博士（美國陸軍退役少校）

猶他州雪松城

前言

　　我引導人們成功開發自身的超能力已逾 50 年。我的教學始於 1972 年，是當我在史丹佛研究所共同設立超感官知覺（extrasensory perception）研究計畫時開始。在中情局資助之下，我們進行了無數令人嘆為觀止的雙盲實驗，且有很豐碩的成果。

　　在這之中，我們偵查到一家位於西伯利亞的俄羅斯武器工廠，失敗的中國原子彈試射行動，定位到一架在非洲遭擊落的俄羅斯轟炸機，以及數名遭綁架的美國官員，當中有一名是駐伊朗大使，發生在伊朗人質危機時期。還有偵測到一名在義大利遭激進恐怖組織赤軍旅（Red Brigades）劫持的美軍少將。研究成立初期，我們甚至辨識出綁架派蒂・赫斯特（Patty Hearst）的主謀，隨後接受柏克萊警局的表彰。

　　這些卓越的研究成果，讓美國陸軍在 1978 年要求我們為其訓練六名陸軍情報官，並建立一支陸軍超能力部

隊，該計畫即為星門計畫。直到 1995 年，我們陸續提供實用的機密及最高機密資訊給軍方。

　　我想在本書中糾正大家對超能力（現在一般稱之為超感官知覺）沒有用及不可靠的誤解。相反地，在我們實驗室進行的試驗及機密任務中，發現超能力極為可靠、精確，以及實用。我會在本書向你介紹最成功及最有天賦的遙視員，許多人在參與本研究前甚至從未有過任何遙視經驗。

　　遙視是一種能夠透過心靈去體驗、描述遠方或無法看到的人、地、事物，包括過去、現在或未來的能力。超感官知覺的確鑿證據無法單純以統計不合理為由而遭否定。在世界各地實驗室的數據中，遙視的精準度及可靠度不會受距離而失準，因此描述蘇聯時期的西伯利亞跟對街的公園沒有差異。同樣地，描述未來數小時或數天後的場景不會比描述當下難。例如，我們連續 9 次精準預測白銀市場價格的走向，替我們及投資者賺進 25 萬美元，所以未來是可預測的。

　　我們身處的世界可能看起來是有限的，但在超能力以及經過證實的靈魂出竅（Out-of-body experience）領域進行 50 年研究的我深信，我們對於空間及時間的意識廣闊無垠，人亦是如此。這是基於我們 20 年來在史丹佛研究所執行的遙視調查成果。透過這個領域的成就，我教導過數千名遍佈世界各地的人開發自己的超能力，希望這本「小書」也能成功帶領你開發遙視潛力。

　　遙視訓練讓我們領悟，人並非如同肉及馬鈴薯擁有軀殼而已。我們人的意識是無堅不摧、永恆不朽的，絕不是你早上照鏡子看到的樣貌。倘若你認為自己與鏡子中的倒影如出一轍，你將會面臨諸多不必要的磨練。我認為生命的意義在於體驗我們內在原始且永恆的覺知，並將這份體悟傳遞下去。我希望這本書能讓你對這點有親身體會。

第一章

遙視始祖英果·史旺

圖 1 　藝術家兼靈媒英果·史旺

我們的超能力潛能相當驚人，遠遠超過大多數人想像。

——英果·史旺

英果‧史旺畢生從事靈媒一職，同時也是史丹佛研究所的遙視始祖。史旺是來自紐約的幻視藝術家（visionary artist），教導我們如何將通靈訊號從心中的雜訊中分離出來，以便接受資訊。心中的雜訊，英果稱之為分析性阻礙（analytical overlay），它是由於說出目標物的名稱，或抓取心靈影像時造成的混亂。雖然剛開始的分析性阻礙可能包含有價值的資訊，但部分可能會受其影響而被屏蔽。

讓我們用一位新手遙視員來舉例這種情況，他將肉眼可見的事物用自己的方式詮釋出來，而非單純描述他的經歷。他說：「我知道他在哪，他在梅西百貨。」我問：「這聽起來不太像遙視。告訴我是什麼感受讓你覺得是梅西百貨？」該名新手遙視員說：「我看見一排衣架掛在桿子上。」我隨後請他畫下他感知到的內容。他畫了一排衣架，這與他描述的真正目標極為相似——一座行人天橋（詳見 P.66，圖 19）。

心中的雜訊一詞最初是由佛教高僧蓮花生大士

（Padmasambhava）在他從印度遷居至西藏後，約於西
元 800 年撰寫的著作《藉見赤裸覺性得自解脫》（*Self-
Liberation through Seeing with Naked Awareness*）中提
出。英果・史旺於 1200 年後傳承他的衣缽，並將之思
想發揚光大，亦即**說出目標名稱、猜測、體認、記憶、
分析及想像**，這些雜訊都會干擾你接收通靈訊號，以及
阻礙觀察遙視目標的能力。在這之中，猜測目標及說出
目標名稱的成功機率微乎其微。

　　英果向我們說明「通靈三要素」的重要性，亦即**智
慧、感覺／情緒感知，以及直覺**。這三要素必須以平衡
及和諧的方式共同運作，才能引領學員意會通靈的奧義。

　　蓮花生大士教導我們尋求無條件且永恆的覺知，而
非有條件的覺知，有條件的覺知是以自我中心為主的冀
望及恐懼的覺知，轉成無條件且遼闊的覺知與自由。遙
視可被視為一種永恆的覺知，其與教義無關。僅需深呼
吸數次，閉上雙眼，觀察出現在心中覺知的影像。因為
人的本質是永恆的，故不受因果制限。

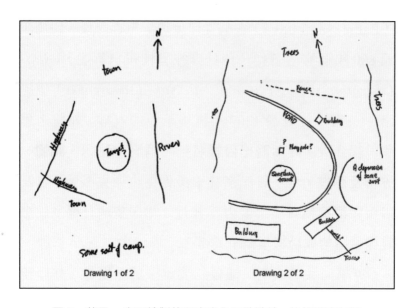

圖 2　英果・史旺繪製的國家安全局監聽站，後經證實無誤

　　在兩名中情局探員前來研究所，要求英果發掘未來三天在一個特定的地理座標會發生什麼狀況時，英果運用遙視向我們展示了這種穿梭於時間的自由。

　　英果靜下心來，並請他人準備色筆，運用超能力畫下類似放煙火的景象。他說：「我看見亮色的彩帶直衝天際，背後有一排卡車，很像在慶祝國慶日。」從他的描述中，中情局探員了解他描述的其實是一次失敗的

原子彈測試，沒有蕈狀雲，只剩在空中燃燒的鈾。三天後，中情局締約官證實了這項寶貴的資訊。

在 1973 年 5 月 29 日發生了一重大事件，英果・史旺遙視到座落於西維吉尼亞的舒格格羅夫（Sugar Grove）一處最高機密的國家安全局建築。該區為政府監聽蘇聯衛星通信的秘密監聽站。根據《紐約時報》報導，這個基地攔截並處理幾乎所有進入美國東部的國際訊息。

中情局分析師基特・格林博士（Kit Green）對我們的工作相當有興趣，亦擔任我們的締約官。他給了我們一組地理座標用來執行遙視試驗。該目標物是位於樹林中的小木屋，巧合的是，小木屋位處國安局的秘密建築附近。英果遙視到的並非小木屋，他反而說：「我看見連綿的山丘、草坪及旗杆。另有數座舊地堡，類似一座地下蓄水池。這很有可能是某種軍事基地。」

英果在該地理座標描繪出一個圓形建築物，後來確認是一座巨型拋物線球面天線，這才是該建築的實際功

能。英果、派特・派司（Pat Price）及當日在研究所參
與試驗的另一名遙視員，都將遙視重心放在此秘密基地
上，而非小木屋。

圖 3　國家安全局於舒格格羅夫設立的監聽站，有著拋物線球面天線

　　英果運用在他意識中出現的影像，描繪出舒格格羅
夫建築的秘密位置及佈局。另一方面，派特・派司則
以不同的方式感知。他在 1,500 英尺的高空中俯瞰該建

物，並運用心像（mental imagery）找到一處地下工作室，用超能力打開檔案櫃的抽屜，讀取到數份標上代碼的最高機密文件。這些代碼都與撞球術語相關，一一標示在檔案夾上：「母球」、「八號球」、「四號球」、「十八號球」及「擺球」。

桌子上另有其他標示著代碼為「捕蠅器」及「密涅瓦」的綠色文件，這些文件被歸類為特殊存取計畫（Special Access Program）內的最高機密文件，另外就連整棟建物的機密代碼「乾草叉」也被偵測到。

這些文件及代碼後來被中情局及國安局證實為當時使用的代碼。在我的紀錄片《通靈部隊》中，中情局探員基特‧格林及肯‧克雷斯（Ken Kress）亦於影片中證實，這些特殊存取計畫的代碼在史丹佛研究所裡被準確地遙視到。

我們擅闖國安局的建築引起軒然大波，引發國安局憤怒地與中情局對峙。他們憤怒的點是中情局竟鼓勵加州的靈媒監視他們擁有最高機密的建築。

　　三天後，兩方各派人員至史丹佛研究所調查遙視員能擷取到這類最高機密檔案的原因。

　　我頻繁地被問到：「若是遙視員能在地下室的保險櫃中，遙視到最高機密的代碼，何嘗不能輕易遙視到總統口袋裡的核武代碼呢？」這的確是我們整個研究計畫當中，最令情報單位害怕的。

　　事實證明，我們遙視舒格格羅夫基地的成功使中情局與我們簽訂第一份合約，資助我們未來 22 年的研究。國安局官員想知道為何派特與英果一樣同時注意到該基地，而非原本設定的小木屋座標，因此特意在當時詢問派特。派特回答：「當你將注意力放在你愈想隱藏的事情上時，在特異功能人士眼中，它就像燈塔一樣光亮。」

　　英果在完成糖園基地任務後，被派遣執行另一項試驗，要求他單靠地理座標來進行遙視。

　　他又一次繪製一張地圖，而這次同時精確描述出一座小島。他詳盡地繪畫出多岩石的海岸線，左側的山脈，以及右側放有儲油罐的小機場。

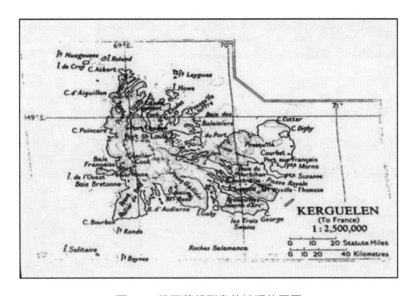

圖 4a　凱爾蓋朗群島的地理位置圖

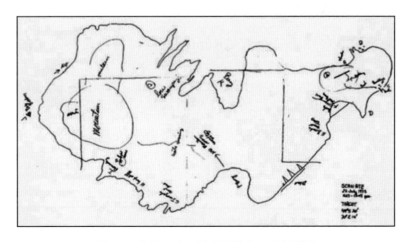

圖 4b　英果・史旺遙視到的凱爾蓋朗群島

英果精準描繪出的島是凱爾蓋朗群島（Kerguelen
Islands），這是一座位於印度洋南部的偏遠群島。由於
無法確認該群島的細節，我們必須至中情局核實該處
是否有機場及跑道，而這絕非英果能事先得知或查找得
到的，當時中情局沒有透露任何資訊給他，即使現在上
Google 地圖及 Google 地球查找，也找不到該機場。因
此，英果的遙視試驗的成果又再次獲得中情局證實非常
精確。

1973 年 4 月，我們拜訪來自美國國家航空暨太空總
署（National Aeronautics and Space Administration）的
締約官亞特・瑞茲（Art Reetz），他同時也是新計畫的
承辦人員。

亞特、英果以及我當時在測試我研發出的超感官知
覺的教學機器，這臺機器是用來幫助別人意識到自己何
時成功運用超感官知覺能力。運用成功時，機器上的小
鈴鐺會響起。

　　我為此開發兩個應用程式：「超感官知覺訓練器」，可至蘋果應用程式商店支付 0.99 美元，或至 Google Play 商店免費下載；另一個為「星門超感官知覺訓練器」，僅能從蘋果應用程式商店下載，需支付 0.99 美元。

圖 5　超感官知覺訓練應用程式

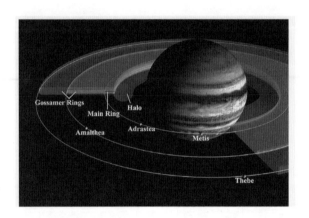

圖 6a　航太總署拍攝的木星照片，顯示出新發現的環狀結構

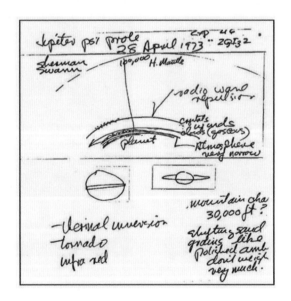

圖 6b　英果·史旺早於航太總署 7 個月繪製的木星及環狀結構

　　在某個時間點，亞特問英果是否想看看木星，看看新的先鋒號（Pioneer）太空船在七個月後抵達前，是否能先看到什麼有趣的東西。

　　英果靠在椅子上抽著雪茄，吐出一口煙，要了一個夾板及筆，接著他描述並畫了一個過去我們聞所未聞的冰晶圓環圍繞在木星周圍，距離地球大約 8 億公里遠。

　　亞特問他是否將土星誤認為木星，英果回答：「我這一生都在窺看太陽系，我非常清楚木星及土星的區別。」

　　圖 6a 是航太總署先鋒號歷經七個月抵達木星拍回的照片，顯示出新發現的環狀結構及冰晶，結果正如英果當時所描述的。

　　我的好友史帝夫・肖茲（Stephan Schwartz）是名遙視研究員，與英果・史旺及共同好友兼靈媒赫拉・哈米德（Hella Hammid）共事超過 10 年（赫拉的故事，請參閱第四章）。

　　史帝夫大方表示能為本書貢獻數段內容，講述這些

既厲害又熱誠的通靈人士。下述為他對英果的看法：

在我們排定好進行遙視聖卡塔利娜海峽（Santa Catalina Channel）的深度探索研究幾天前，兩名原本要與我合作的遙視員臨時不能參與。出色的靈媒艾倫·沃恩（Alan Vaughan）得了重感冒，另一位資深的遙視員喬治·麥克穆倫（George McMullen）在克萊斯勒經銷商上班的同事突然請假，喬治得代替他上班。

在最後一刻，我在史丹佛研究所經由物理學家艾德·梅（Ed May）的介紹下認識了英果·史旺。他、艾德及哈爾·帕洛夫在當時都是山達基教徒（Scientologists），一同前往加州好萊塢山達基名人中心（Scientology Celebrity Center）與我會面。

我曾聽聞羅素·塔格提起英果，亦很開心能與他相識。我們很快喜歡上彼此，因此當亞倫和喬治退出研究後，英果便是我心中的不二人選，他亦推薦赫拉一同參與。自此，英果成為了我的研究團隊——墨比爾斯協會（Mobius Society）的遙視員。

　　他以前來洛杉磯山達基中心時，常常住在我家。我們一起度過很多時光。他非常有趣、既聰明又擅長寫作，出版過數本有趣的著作，亦是一位出色的遙視者。

　　他是名同性戀者，小時候曾遭欺凌。作為一名男人，這給予他優勢，讓他能不遲疑地保持堅定。後來接受陸軍軍方聘請並教授遙視時，他與哈爾制定一套座標定位遙視協定（Coordinate Remote Viewing），這套協定與史丹佛研究所的星門計畫相關。

　　英果是這些以前有可能霸凌過他的軍人眼中的專家級人物，他看得到這諷刺的意涵，並從中得到滿足。

　　英果塑造出的遙視形式甚至比我們這些科學家來得更多，因為他是發明遙視這一詞的人，亦教導我們了解其運作方式，說英果・史旺是遙視始祖一點也不為過。

第二章

19世紀的超能力女性
赫蓮娜·布拉瓦斯基

Helena Blavatsky　　　Charles Leadbeater　　　Annie Besant

圖7　1875 年神智學協會創辦人，左起依序為赫蓮娜·布拉瓦斯基、
　　　查爾斯·萊彼特以及安妮·柏桑

赫蓮娜・布拉瓦斯基是生於 1831 年的俄國作家、通靈師及哲學家。她後來成為神智學（Theosophy）的靈魂人物，並於 1875 年在紐約市共同創立神智學協會（Theosophical Society），致力於「研究自然的法則及人類的潛能」。

「人類的潛能」在她書中及研究中包含**物理能量、通靈術及透視能力**。這些特殊能力是我們在研究中使用的遙視先驅，也是遙視者至今仍在運用的能力。

在印度生活期間，布拉瓦斯基研讀佛教及印度哲學，她認為神智學是科學、宗教和哲學的交集點，當時受開明的喜馬拉雅大師（Himalayan masters）啟發（她從印度返回歐洲後仍與大師保持著聯繫）。她深信芸芸眾生均為一體，且頓悟到來自未知聖源的古老智慧早於且深深影響所有宗教。

時至今日，近 150 年後，神智學協會（Theosophical Society）在世界各地的主要城市設有分會。我所屬的分會座落於美麗的紐約市東 53 街。我會在第九章進一步介紹。

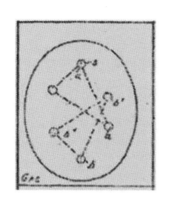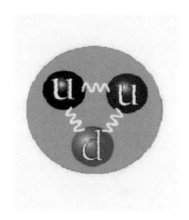

圖 8　1895 年遙視到的氫原子圖，與現代夸克圖

1895 年，布拉瓦斯基要求其超能力同事查爾斯‧萊彼特以及安妮‧柏桑創造通靈元素週期表。兩位同事要運用通靈能力，從氫元素開始透視原子粒子及其結構。實驗物品為一塊由 98% 的氫組成的石蠟。

圖 8 的左圖是 1895 年出刊的神智學雜誌《路西法》（Lucifer）的原稿影本，查爾斯‧萊彼特透視到氫分子並繪製下來，他從那塊石蠟中，辨識出「由三條能量帶（bands of energy）結合的三個基本物質的極小球體」。

右圖是當代繪製的質子圖，由膠子（gluon）連結兩個上夸克（quark）和一個下夸克。質子是在 1918 年由

歐尼斯特‧拉塞福（Ernest Rutherford）發現，夸克則由默里‧蓋爾曼（Murray Gell- Mann）於 1964 年提出。

很顯然，意識似乎貫穿一切事物，與距離無關，不論是 8 億公里遠的木星，或是 10^{-10} 公分的氫分子，這些內容均可視為有紀錄的遙視首例。

現行的元素週期表是由俄國化學家德米特里‧門得列夫（Dmitri Mendeleev）於 1869 年首創。安妮‧柏桑於 1895 年撰寫一篇名為《神秘化學》（圖 9 第五篇）的文章，旨在探索超能力元素週期表。柏桑及萊彼特於 1908 年共同出版一本同名的大型著作，當中講述許多運用其特異功能發現的其他元素。

在 1894 年 4 月，柏桑在倫敦與同為神智學會會員查爾斯‧萊彼特相遇。他們在神智學會組織的活動中成為要好的同事，並一生保持良好的友誼關係。

萊彼特自稱其超能力從出生便擁有（如同英果‧史旺），作為一名藝家，他寫作及繪製許多色彩繽紛的美麗插圖書，呈現他用超能力觀察到的生命和無生命的物

質。他在接下來的一年幫助柏桑培養超能力。

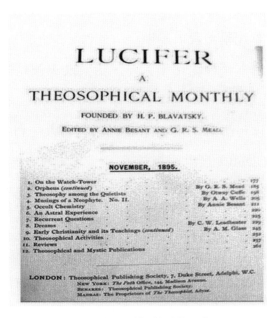

圖 9　《路西法》雜誌的目錄

　　在一封日期為 1895 年 8 月 25 日，署名給弗蘭西斯卡‧阿蘭達爾（Francisca Arundale）的信件中，萊彼特闡述柏桑習得超能力的方法，信件中敘述他們一起運用超能力感知「宇宙、事物、思維模式，和人類歷史」，以及合寫《神秘化學》（Occult Chemistry）一書。

　　這本於 1908 年的著作封面描述著「運用超能力探究週期表中的原子結構及其他化合物」，內容闡述「運用超能力觀察化學元素」。

　　撰寫這本《神秘化學》時，柏桑及萊彼特同為印度阿德雅爾（Adyar）神智學會分會的領導者；柏桑是該協會的主席，在 1907 年協會的共同創辦人亨利・奧科特（Henry Olcott）逝世後接任。

　　我在離開哥倫比亞不久前，在 1956 年成為神智學學會會員。身為一名物理學家的我在看見這些著作時，無不覺得驚嘆，我與其他亦是會員的科學家都認為這些超能力者真的好有本事——提出夸克這一理論可是比蓋爾曼早了 6 年。

　　柏桑及萊彼特是第一批將超能力運用在獲取科學資訊的人。1995 年電機工程學教授史提夫・菲利普（Stephen M. Phillips）在《科學探索期刊》（*Journal of Scientific Exploration*）上刊登《神秘化學》的科學書評，書評標題為：〈次原子粒子的超感官知覺〉

（*Extrasensory Perception of Subatomic Particles*）。我在此附上他的摘要。史提夫亦撰寫《夸克的超感官知覺》（*Extrasensory Perception of Quarks*）一書，並和刊登在《科學探索期刊》的文章同時出版。

摘要：在100年前，兩名神智學協會的領導人運用超感官知覺觀測次原子粒子，本論文對此說法進行評估。其於1895年的觀測結果與核子物理學及粒子物理學的夸克模型一致，前提是他們屏棄對看到的原子的假設。他們認為物質構成的基本要素（fundamental constituents of matter）束縛的力，與弦模型（string model）一致。他們對於基本粒子的說法與超弦理論（Superstring Theory）的基本概念有著驚人的相似性。這種對次原子粒子的超自然觀察，以及核子物理與粒子物理之間的驚人關聯處的含意，就是夸克並非像諸多物理學家目前所假設的基本物質或超弦強子狀態，而是由超弦的三個次夸克的組成。

第三章

超能力刑警派特・派司

圖 10　退休的警察總監兼出色的靈媒派特・派司（Pat Price）

　　派特·派司退休前是加州柏本克（Burbank）的警察局長，具有非凡的超能力。我們非常感謝他加入我們的研究，當時他帶著一大本剪貼簿來找我們，裡頭的剪報佐證他作為警察局長時的超能力。儘管我們對他如何得知我們的研究感到有些神秘，但僅過數週，他便獲得參與本研究的許可。

　　派特的第一次的遙視試驗是在史丹佛研究所進行，他得「尋找」已離開研究所的同事哈爾及中情局締約官基特·格林博士的去向。我與派特一同坐在屏蔽電波的空間（也就視屏蔽室），我向派特詢問哈爾的行蹤，派特答：「我不曉得你在說什麼。」

　　我知道派特在他那本充滿剪報的剪貼簿裡頭，有著他在貝班克街頭抓住詐騙犯的報導，我改要求他用當警察的經驗來追蹤他們兩人。我引導他去記起哈爾跟基特兩人搭乘哈爾的綠色本田雅哥，駛離史丹佛研究所的停車場。我問他是否能「追蹤那台車」，當然我們不可能從我們所在的僻靜位置用肉眼看見。派特答：「可以，我看到他們離開停車場，往南駛進米德菲爾路，正開進

一座公園裡。」

　　上述故事描述引導者在遙視試驗時扮演的角色。如果當時我未在他身旁指引他，遙視可能會以失敗收場，而非如此成功。

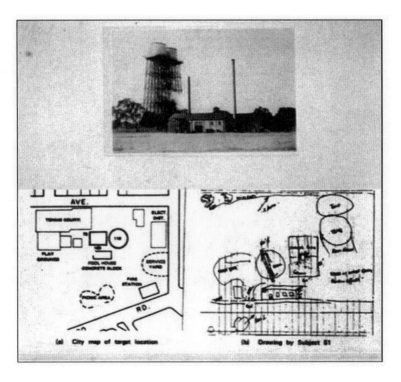

圖 11　派特 · 派司繪製的加州帕羅奧圖的林科納達泳池場館

　　圖 11 右下角是派特繪製的圖片，與左下角的市區真實地圖極為類似，他清楚描繪出一座尺寸為 18×24 公尺的長方形游泳池，以及在其左側直徑為 30 公尺的圓形游泳池。

　　他遙視的目標地點是加州帕羅奧圖的林科納達泳池場館（Rinconada swimming pool complex），兩者大小差距不到一成。派特畫在右上角並列在一起的大型水箱，原本以前有，但後來被移除，我也是在該試驗過 10 年後才知道有這個大型水箱。

　　在這第一次與派特進行的實驗之中，我們做了 9 次雙盲遙視試驗。派特每次口頭描述完目標物後，會將自己腦中的印象及想畫的影像繪製下來。這 9 份手稿會隨機編碼，我們再將這些手稿與一組行進指令給予一名評判員，在這之前，這組行進指令已被發送給「戶外研究員」（outbound experimenter），他們被指定前往灣區 60 個不同地點之一。

表 1　評判員爲派特．派司的 9 份手稿排出 1-9 的等級

目標位置	距離（公里）	匹配等級
史丹佛大學胡佛塔	3.4	1
海灣濕地自然保護區	6.4	1
波度拉谷電波望遠鏡	6.4	1
紅木城小港口	6.8	1
佛利蒙市收費站	14.5	6
帕羅奧圖汽車戲院	5.1	1
門洛公園藝術及手工藝廣場	1.9	1
波度拉谷天主教會	8.5	3
帕羅奧圖游泳池場館	3.4	1
等級總計		16 ($p = 2.9 \times 10^{-5}$)

　　這些戶外研究員每次前往的地點均不同，你可能會預估那位評判員僅能從這 9 份手稿中，隨機正確匹配出 1 次與行進指令相同的地點，也就是說，你預計 9 次當中能有 1 次靠運氣猜中，但是他們 9 次裡頭猜中 7 次。派特的 9 次試驗以統計來說成果非常顯著。換句話說，

假如哈爾被連續綁架 9 次，派特能在第一時間就成功拯救他 7 次。

派特也有詼諧的一面，我記得有一次，我們其中一位活潑的秘書在謄打派特的手稿時，開玩笑地問他能否閉上眼睛跟在她身後進入女廁。派特答道：「如果我能看見地球任何一個地方，我為何得跟在妳後面進去呢？」沒錯，何必這麼麻煩？

在另一次遙視試驗中，派特精準地將一巨型門式起重機（Gantry crane）描述為「有著八個輪子，在一棟正在施工的建築物上移動」。在這次試驗中，派特只知道其地理座標、經度及緯度。

在派特開始描述該位址時，他說：「我躺在該處三層樓高的建築物上，太陽曬在身上很暖和。當我一抬頭，便看見一個門式起重機往我及建築物上方滑過去。我要畫下這個起重機。」

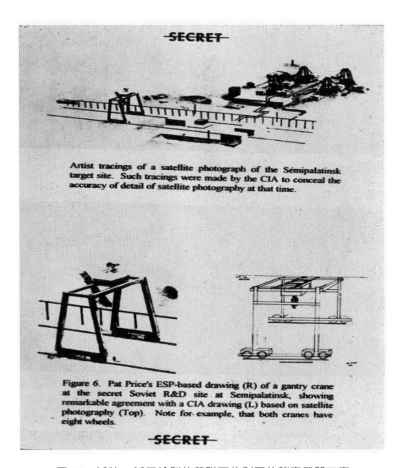

SECRET

Artist tracings of a satellite photograph of the Semipalatinsk target site. Such tracings were made by the CIA to conceal the accuracy of detail of satellite photography at that time.

Figure 6. Pat Price's ESP-based drawing (R) of a gantry crane at the secret Soviet R&D site at Semipalatinsk, showing remarkable agreement with a CIA drawing (L) based on satellite photography (Top). Note for example, that both cranes have eight wheels.

SECRET

圖 12　派特・派司繪製的蘇聯西伯利亞的秘密武器工廠

　　從他的敘述，我們相信他應該是在描述蘇聯塞米巴
拉丁斯克（Semipalatinsk）核試驗場，該試驗場在建造
及研發粒子束武器（particle beam weapon），目的是用
來擊落拍下這些照片的美國太空船。對我來說，這次試
驗我體驗到最重要的一件事，就是派特在拿到座標時說
的第一句話——門式起重機。

　　我們的中情局締約官對於這次遙視到蘇聯核試驗場
的成果感到相當滿意。肯‧克雷斯安排哈爾與我向中情
局副局長約翰‧麥克馬洪（John McMahon）報告，他十
分讚許我們的試驗表現。

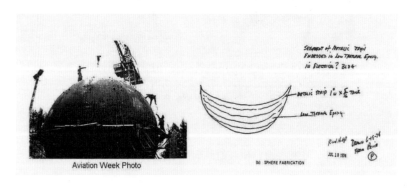

圖 13　派司精確描述了用來製造直徑 18.2 公尺鋼球的嵌板

　　我與約翰維持數年友好關係。我在 1982 年離開史丹佛研究所後，入職洛克希德飛彈與太空公司（Lockheed Missiles & Space Co.），擔任資深科學家，約翰亦於同年加入公司擔任總裁。沒人知曉為何在這擁有 25,000 名員工的公司，約翰卻對我特別親切，因為他們無從得知我們過去在中情局的好交情。

　　在派特描繪完門式起重機後，中情局要求更多細節，需要派特調查起重機下方的建築物，因此我們回到屏蔽室繼續工作，派特立即開始講述一座修建中的巨型鋼球，材料是用像柑橘皮一樣的嵌板組成。

　　這資訊對中情局來說是聞所未聞，派特說這鋼球太厚，難以焊接。此外，他亦注意到有許多穿白袍的人，說著俄語以外的語言。有趣的是，他不僅能看見嵌板，亦能運用直覺了解其建築過程。

　　整個建築細節，包括焊接問題後來都在 1977 年於《航空週刊》（Aviation Week）上披露及證實。在派特繪製該圖時，沒人知曉該建築，事實上，很多派特・派司

運用遙視描述過的細節，都是直到他 1975 年逝世後，情報單位才有所了解。

1974 年 2 月 4 日星期一的夜晚，一群美國恐怖份子在鄰近加州大學柏克萊分校的一處公寓中，綁架 19 歲的報業大亨繼承人派蒂‧赫斯特，當時她還是學生。

綁架犯亮出他共生解放軍的身分（Symbionese Liberation Army），他們是激進的無政府組織，常用口號為「處死那些掠奪人民生命的法西斯主義敗類」。赫斯特家族既保守又富有，便成為他們下手的完美對象。當媒體一窩峰在地圖上找尋解放軍「成員」時，柏克萊警局正積極尋找舊金山市最著名名人的女兒，該名人為《舊金山觀察家報》（*San Francisco Examiner*）的出版商兼赫斯特全國報業集團的總裁。

隔天，柏克萊警局致電史丹佛研究所，詢問我們是否能協助這既棘手又受到極高關注的案子。哈爾、派特與我一同往北開車至柏克萊，了解是否有派特能幫得上忙的地方。後來，派特從一本放滿數百張嫌疑人臉部照

片的活頁相片集中，指認出綁架派翠莎的嫌犯。

派特站在警局的一張大橡木桌前，一頁一頁的翻看相片，隨後便用手指著一名男子說道：「他就是主謀。」他手指著的男子正是唐納・德弗里茲（Donald DeFreeze），不到一週便被確認為主謀。派特亦說道：「另有一名叫羅伯先生的男子。」一週後，警方確認他的同夥為威利・沃爾夫（Willie Wolfe），組織內部都稱他為羅伯。

負責的警探問派特是否知道他們的去向──這是所有警匪電影裡最常聽到的問題，「他們往哪逃了？」派特指著北邊說：「往那逃了，我看見餐廳附近有一輛白色旅行車，在高速公路對面的兩個白色大型儲煤氣槽附近，靠近一座天橋。」其中一位警探說：「我知道在哪了，是前往的瓦列霍（Vallejo）的路上，我家就在那邊。」於是警方便派出一輛巡邏車至該處。

十分鐘後，巡邏車用無線電回報，在距離我們以北24.1 公里處發現綁架車，車上的彈殼仍在地上滾動，這

與早前在赫斯特柏克萊公寓的臥室彈殼口徑一致，他們毫無疑問找到了正確的車輛。

在警局裡，派特當著我的面指認出主謀，並定位到綁架車輛，這個經驗是我相信超感官知覺存在的其中一個最有力的原因。我怎麼可能不相信？你呢？

警方當天雖發現贓車，但仍未尋獲嫌犯或派蒂·赫斯特。於是我們隔天回到警局集合，警方想搜查大學後方的柏克萊山丘，其中一名警員要我陪同他勘查一座山丘上的廢棄的農場。

當我們停在已搖搖欲墜的農場前時，警員掏出他的轉輪手槍，並問我是否能在他踢開門時掩護他。他問：「你知道如何使用這槍嗎？」我回說自己有一把華瑟自動槍（Walther automatic），於是他遞給了我一把沉重的點 38 鉛彈槍，我不由得偷笑出聲，這名警察竟將手槍遞給我這個脫線先生，竟還指望我能掩護他。幸運的是，我們都沒用到槍。後來，我們收到由柏克萊警局寄給我們的感謝信，表彰我們這幾天的努力協助。

圖14　羅素・塔格與哈爾・帕洛夫共同推進史丹佛研究所的遙視計畫

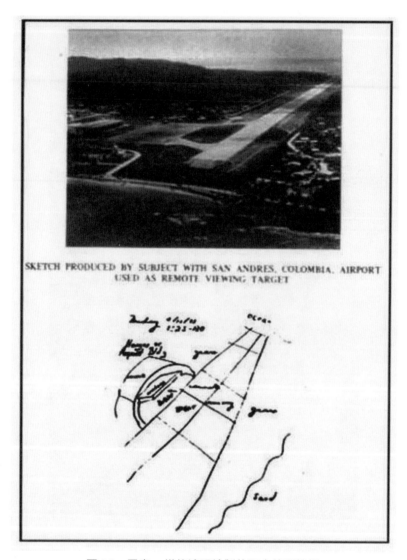

圖 15　羅素・塔格遙視繪製的聖安德烈機場

　　在 1974 年，派特．派司每天中午都與我一同描述哈爾．帕洛夫的所在位置。哈爾當時前往南美洲渡假，我們每天追蹤他的去向，連續四個晚上，派特描述哈爾到過港口、市集、火山及教堂，到了第五天，派特卻沒來參與遙視試驗。我當時並不知道，我得習慣沒有他一起工作的日子了。

　　到了約定的時間，我對著錄音機說：「這是羅素．塔格與派特．派司的遙視試驗。」數分鐘後我又開口：「派特可能不會來，所以由我來進行遙視……我看見右邊有草地和沙子，以及左邊有看起來像機場的建築，跑道的盡頭似乎是一片海洋。我得把它畫下來，我認為這是一座機場小島（見圖 15）。我提及這次試驗是為了說明遙視是如此簡單自然，甚至連科學家也能夠做到。」

　　過了一年，哈爾與我在《自然》發表了第一篇論文，慶祝派特遙視實驗大獲成功。

圖 16　聖安德烈機場的現代照片

　　所以派特為何一聲不響的消失了呢？在結束派蒂‧
赫斯特的案子，以及偵查到一家位於西伯利亞的蘇聯武
器工廠後，派特獲中情局聘用，前往西維吉尼亞與他們
直接合作進行試驗。不幸的是，他於 1975 年因不明原因

逝世，享年 56 歲。

　　派特生前強烈懷疑自己的人身安全，他來史丹佛研究所前，亦為自己投保一百萬的保險，受益人是他太太。他是否因心臟病發或遭暗殺而死，我們不得而知，有可能是被俄國（對他的底細瞭若指掌）狙擊，亦有可能是被中情局暗殺（因為他將秘密資料洩露給他所屬的山達基教會）。後者的情報是中情局探員肯·克雷斯及基特·格林在我的《通靈間諜》影片中透露的。《紐約時報》亦有相關報導。

　　我想問：如果得知能力出眾的派特是雙面間諜，你會怎麼做呢？

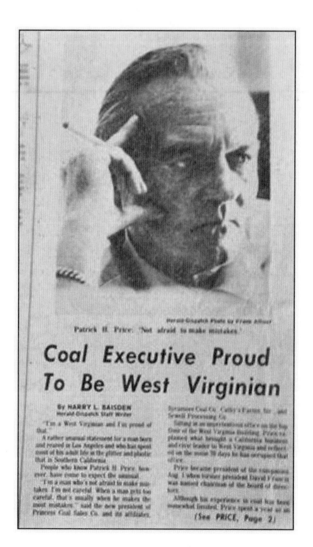

圖 17　派特因工作而東遷，直接與中情局合作

第四章

實驗室的對照組赫拉‧哈米德

圖 18　赫拉‧哈米德是一位出色且優異的遙視員

　　赫拉・哈米德是一位出色且專業的攝影師。她是我家人的多年好友，亦是一位心胸開闊、美麗兼具藝術天賦，且極為睿智的女性。按中情局要求，她被選為我們試驗的對照組，因為她之前無任何超感官知覺經驗。在經過一系列描述隱藏人物所在地的 9 次試驗後，她的預測在統計上有著顯著的成功率。

　　我的好友兼同事史帝夫・肖茲是名考古學家兼遙視研究員，他與英果・史旺及赫拉共事過，其中與赫拉在世界各地合作逾 20 年。從靠近聖卡塔利娜島的水下調查（Santa Catalina Island），到埃及沙漠的酷熱地帶，他對我們共同好友的回憶如下：

　　出生在富裕猶太家庭的她，在希特勒掌控德國的那一天，跟隨家人匆忙逃離納粹的統治，成為了一名難民。她在英格蘭最頂尖的女子寄宿學校就讀，難民及寄宿學校的背景造就她高雅、自信，且勇於冒險的精神。羅素・塔格跟我說，原本她在史丹佛研究所的身分是對照組，後來才發覺她是一名傑出的遙視員。如果你在宴

會上由別人介紹而認識她，你會知道她是全國知名的美術攝影師。在同她交流數分鐘後，你會發現她是堅定的女權倡導者，具備非主流的意識，但絕非天馬行空。1977 年，我邀請她加入深度探索研究計畫，進行遙視潛水艇試驗，她不僅觀測到海床上一未知的船殘骸，另外還畫下一張圖，描述一個前所未見的大石塊會在該處被發掘，後來果真如她所述。

　　這是赫拉的特別之處，她樂於描述別人預知不到或想像不到的事物，從深度探索研究計畫預知到的大石塊、埃及亞歷山大的石柱及水池，到哥倫布第四次遠征牙買加的船隻殘骸的細節。

　　在史丹佛研究所和我們的莫比斯實驗室，赫拉成為了我們的遙視台柱，她的參與使遙視在考古學中的實際應用成為可能。我們遠赴世界各地工作，直到她因乳癌離開了我們。跟她相處時非常愉悅，沒什麼能難得倒她，能觀察她進行遙視，之後因她的精確描述而感到佩服不已，這件事令我難以忘懷。

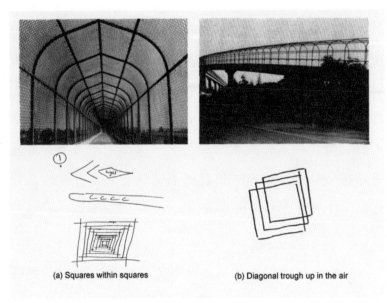

(a) Squares within squares　　　(b) Diagonal trough up in the air

圖 19　赫拉首次繪製的行人天橋

　　在赫拉的首次遙視試驗時，我請她先靜下心來描述
她意識中出現的特別影像，她形容有某種東西在「快速
移動」。我請她稍做休息後，她接著說：「一種飄在半
空中的水槽，但不能用來裝水，因為到處都是孔洞。」
我接著請她畫下她看見的影像。她邊說：「我看到正方
形、一個接著一個的正方形」，邊將其全部畫下來。她
遙視到的地點是位於帕羅奧圖公路 101 的行人天橋。

表 2 　評判員爲赫拉・哈米德的 9 份手稿排出 1-9 的等級

目標位置	距離（公里）	匹配等級
帕羅奧圖衛理公會	1.9	1
門洛公園奈斯劇院	0.2	1
帕羅奧圖旋轉盤	3.4	1
山景城室內停車場	8.1	2
門洛公園史丹佛研究所庭院	0.2	1
門洛公園腳踏車棚	0.1	2
帕羅奧圖鐵路橋	1.3	2
門洛公園南瓜園	1.3	1
帕羅奧圖行人天橋	5.0	2
等級總計		13 $(p = 1.8 \times 10^{-6})$

　　我們後來與赫拉又進行類似的 8 個試驗，雖然她的畫不像派特・派司一樣精確，但她繪製的圖幾乎沒有任何錯誤。她的這 9 次試驗有 5 次精準度達一等，另外 4 次達 2 等，幾乎每次的試驗精確度都極高，她的預測在統計上為顯著。也因此，我們才能在《電機電子工程師

學會期刊》（*Proceedings of the IEEE*）發表了第二篇論文，慶祝赫拉的功績。

對我們而言，這幾次的試驗結果顯示，即便是資淺的遙視員也能展現比資深遙視員更優異的成果。出色的派特・派司的精準度極高，而我們的實驗對照組赫拉・哈米德在類似的實驗操弄下，精準度只略遜他一籌。

在將近 10 年的試驗後，赫拉的描述變得愈發精確，這與約瑟夫・班克斯・萊茵（J. B. Rhine）使用五種不同符號（星形、圓形等）組成的齊納卡（Zener Cards）實驗觀察到的「衰退效應」（decline effect）相左。

有一天，我們進行一項試驗，我告訴她這次遙視位置沒有人，且只能提供該處的地理座標，並以二進位（即以 1 及 0 表示，非一般的度、分及秒）呈現該位置的經度及緯度。

如同以往一樣，我對遙視的目標位置毫不清楚，因為在史丹佛研究所的所有遙視試驗均為雙盲試驗。赫拉僅拿到一張寫上 10010100110-N 及 11001001101-W 的

卡片，該座標是由 1976 年加入我們研究團隊的物理學家艾德・梅所準備。赫拉說：「這圖案好有趣。」接著她闔上雙眼，用力嘆了口氣（對她來說是個發揮特異功能的好跡象），並開始說：「我看見某種圓形結構的東西。」她邊笑邊說：「有點像肚臍形狀的能量擴張器（energy expander），有三種光線從中發射出。」

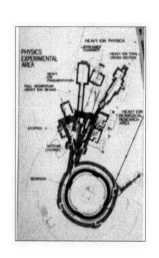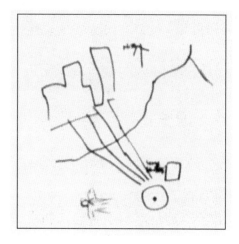

圖 20　柏克萊的高能質子加速器，以及赫拉繪製的圖畫

圖 21　赫拉用黏土製成的柏克萊的高能質子加速器模型

　　她接著要了一些黏土，捏出一個她遙視到的模型，因為有了新的媒介，可讓她以其他方式傳達遙視到的事物。赫拉所遙視的目標位置為加州柏克萊的高能質子加速器（UC Berkeley Bevatron），其為一中空的圓形粒子加速器，果真如她所描述的「能量擴張器」一樣，有著四個光束管通向實驗室或目標建築。在圖 20 中，她的繪

畫和光束管相似度極為驚人，另外有距離 80.5 公里遠的加速器。圖 21 是她將意識中出現的影像製作成的黏土模型。

　　赫拉進行試驗時，我們經常覺察到目標功能與形式之間近乎魔法般的聯繫。在這 10 年的遙視試驗結束時，我不禁認為她是位預言家，常常說出她覺得沒有特別涵義的話。有一次，試驗目標是史丹佛直線加速器（Stanford Linear Accelerator），遙視時，她說看見：「拋光的金屬管或汽缸……這與發射光源軌跡有關聯」，她的描述完全符合電子加速器的特徵。

　　我們現在知道，遙視試驗成功與否的關鍵在於遙視員與引導者之間相處是否有默契——也就是將彼此視為共享資訊的團隊。遙視員的角色是感知資訊的管道，而引導者的角色是分析及控制遙視員。我認為引導者是通靈時的媒介。我第一次當引導者是幫助遙視者清空心中滯留的雜訊，佛教徒稱之為「猴心」（monkey mind）。

　　遙視員與引導者分工合作的模式像極了大腦的兩種

主要模式，一種是非分析性的思維模式，主要是對空間概念的認知及其他整體資訊處理的功能，這被認為是特異功能主要組成部分。另一種是分析性認知模式，特點是擁有語言及其他目標導向的推論能力。僅有經驗老道的遙視員才有可能有能力同時處理兩種認知模式。這種非分析性或藝術特徵的功能有時被認為是右腦的特質。

1982 年，赫拉與我受中情局締約官肯·克雷斯之託，「窺看當時蘇聯領袖列昂尼德·布里茲涅夫（Leonid Brezhnev）的克里姆林宮辦公處所」。赫拉躺在沙發上，我拿著錄音機坐在她身旁。

赫拉描述其走在鋪著紅色簾幕的寬敞大廳，她說：「我正走向一道雙層門，門上面有紅色皮革的軟墊裝飾，但門關著。」我說：「我幫妳開門。」我仿佛在一場清晰的夢境中指引著她。赫拉說：「這裡是晚上，房間昏暗。」我說：「我幫妳點盞燈。」赫拉說：「我看見右邊擺著一張蓋著玻璃的木桌，左邊的一扇窗戶似乎能俯瞰紅場（Red Square），遠望聖巴希爾大教堂（Saint

Basil's Cathedral）。另外，我看見木桌後方有一面牆，上有一道木門。」我說：「我幫妳開門，看看能通向何處。」

　　我們一致同意開門進入，踏著階梯往下走。赫拉說：「右手邊有一間大型的電腦室。」那時我越發恐懼，我隨即告訴赫拉，我有很多許可證，但我沒有進入克里姆林宮電腦室的許可證，因此我提議結束這場試驗，而我們也確實馬上中止試驗。這感覺猶如靈魂出竅一般細思極恐。

圖 22　赫拉描述的布里茲涅夫的紅門及窗外景色

　　隔一年，我離開了史丹佛研究所，受邀前往蘇聯科學院（Academy of Sciences of the Soviet Union）演講非機密的遙視經驗。我的演說受到熱烈的迴響，我向觀眾解釋：「有了遙視，沒有什麼事能藏得住，沒人能有秘密！」觀眾震驚之餘，桌上的茶杯也因碰撞發出聲響。

　　當時有人問我是否想在克里姆林宮參觀一下，我說我想參觀布里茲涅夫的辦公室。他們帶我走進橫掛著紅色布條的大廳，接著看到一道用紅色皮革裝飾的門，跟赫拉描述的一致。當我們踏進布里茲涅夫的辦公室時，看見右手邊有張大木桌，從左邊的窗戶可以看到紅場。我不記得當時木桌的後頭是否有一道赫拉當時描述的門，但其餘的一切都與赫拉的描述完全相同。

第五章

擁有超能力的工程師蓋瑞・藍弗特

圖 23　蓋瑞・藍弗特（Gary Langford）於海軍研究學院教書

　　在研究所待了 4 年後，我終於有機會能從引導者的角色，換成戶外研究員，親身前往遠距離的地點。我選擇去紐奧良探望當時在唸醫學院的朋友。在史丹佛研究所的同仁沒人知道我去哪座城市。為了開始我的實驗，我從路邊的攤販買了一本紐奧良的地圖書，朝人行道上丟擲一顆骰子，隨機挑選一個地點走。我的第一站是路易斯安娜超級巨蛋（Louisiana Super Dome）。

　　我站在該建築物前並用錄音機錄下我的位置，我說目前時間是中午，這棟建築物在正午太陽的照耀下如同飛碟一般閃閃發光，後來發覺這形容詞選得真不好。

　　同一時間，我在史丹佛研究所的好友兼同事伊莉莎白・姚瑟（Elizabeth Rauscher）正進行引導遙視員的任務。伊莉莎白是加州大學伯克萊分校的理論物理學教授。當天的遙視員是我們研究所的工程師蓋瑞・藍弗特，他此前從未參與過我們的試驗，但他人生中有過無數次通靈經驗。他告訴我們中學時期他是棒球的外野手，因為他的超能力會告訴他球往哪飛，而這正是為何他能參與我們計畫的主因。他告訴伊利莎白，我目

前的位置看起來像飛碟，「羅素該不會是被外星人劫持
了吧？」伊利莎白回：「說不定哦，快畫下你看見的影
像。」蓋瑞隨後畫了下面二張令人嘖嘖稱奇的圖畫。

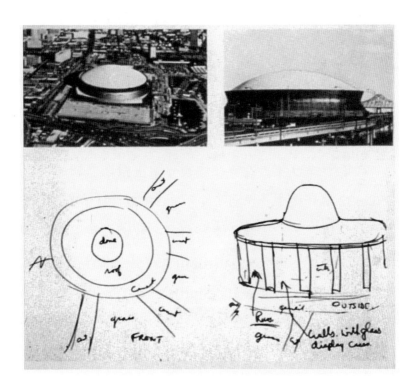

圖 24　路易斯安那超級巨蛋及藍弗特繪製的圖畫

　　參觀完超級巨蛋後，我的下一站是去紐約市拜訪我的父親，同行的還有我的女兒伊莉莎白，我們一同參觀了格蘭特陵園（Grant's Tomb），這是位於河濱大道的著名紀念館。蓋瑞告訴引導者伊莉莎白，我們進入了一棟前方有柱子的建築物，他說我似乎要某人幫忙找零錢，其實是我女兒在紀念館買了張照片，下圖是她購買的照片及蓋瑞的畫。

　　次年，1979 年，蓋瑞在遙視一架墜毀在非洲的俄羅斯 Tu-22 轟炸機中，扮演了至關重要的角色。該轟炸機於叢林中墜毀，無法透過衛星拍攝。我們當時與國防情報局的戴爾・克雷夫（Dale Graff）及另一名遙視員蘿絲瑪麗・史密斯（Rosemary Smith），來自萊特——派特森空軍基地的飛行員合作。

　　蓋瑞能在地圖上畫出一個半徑 4.8 公里的圓，標出山脈、河流及村莊。他接著細部描述墜毀的具體位置，指出遠方的山丘、泥河，以及掩蓋轟炸機的茂密樹林，他甚至還描繪出裸露在河床的轟炸機。

GRANT'S TOMB TARGET IN NEW YORK CITY

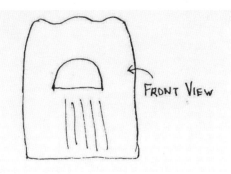

FRONT VIEW

圖 25　格蘭特陵園及藍弗特在距離約 5,000 公里外繪製的圖

　　蓋瑞指出的定點位於薩伊共和國（Zaire），當中情局派遣未經授權的直升機至該地時，他們立即找到了具體的位置。他們在那看見部落村民正在將機身零件從叢林中拖出，該處正是蓋瑞在地圖上標示的墜機位址。他們甚至拾獲珍貴的偵察密碼本，前總統吉米卡特（Jimmy Carter）在我 2018 年的紀錄片《通靈部隊》的開場鏡頭中證實了整起事件。

第六章

代號001的公職遙視員
喬・默尼格爾及其遙視同事

圖 26　軍隊服役 10 年的優秀遙視員喬・默尼格爾
（Joe McMoneagle）

　　美國陸軍當時想要創建自己的超能力軍隊，如此一來就不用特別跑到加州，要求我們尋找遭綁架的軍官或墜毀的俄羅斯飛機。

　　在 1978 年，喬‧默尼格爾當時是美國陸軍情報暨安全指揮部的准尉，我從美國陸軍提供的 30 名候選者中挑選出他，加入我們的遙視研究計畫。喬在參與越戰期間曾有過多次超能力經歷，因此我毫不猶豫選擇他作為我們 6 名受訓成員之一。

　　喬在史丹佛研究所與我共同做試驗時，他在初期的訓練中，6 次試驗就有 5 次精準度達一等。他不僅是一名出色的遙視員，更是才華洋溢的藝術家，讓美國陸軍視他為不可多得的人才。他這 10 年來接手過的任務，收錄在他撰寫的書《特異功能間諜的回憶錄：編號 001 的美國政府遙視員的奇幻旅程》（*Memoirs of a Psychic Spy: The Remarkable Life of US Government Remote Viewer 001*，暫譯）中。

　　喬在進行首次遙視試驗時，我的研究搭檔哈爾‧帕

洛夫被派至一個未知的地點。當我與喬坐在屏蔽室裡時，我要求他描述哈爾的所在地。喬在一張紙上畫滿許多小插圖（詳見圖 27a），我便說你這樣評判員很難從眾多的小插圖中猜出正確的地點，是否能再感知一次，嘗試將意識中的影像聚焦呢？

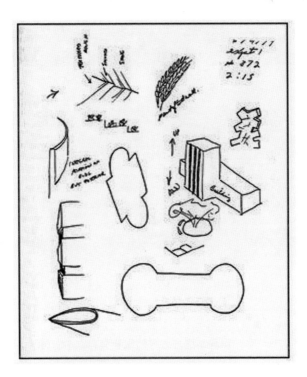

圖 27a　喬第一次畫出的小插圖

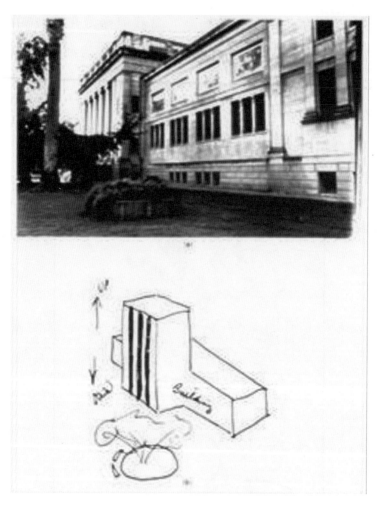

圖 27b　喬‧默尼格爾於 6 名陸軍參與者之中的首次遙視

他隨後在右邊的紙上畫出來，並描述該地點為：「有高的建築物及矮的建築，高的建築物看起來像鋼琴琴鍵」。不出所料，評判員很快將他出色的圖畫與史丹佛藝術博物館（Stanford Art Museum）相匹配。

在喬描繪完史丹佛藝術博物館數 10 年後，他受邀前去展示他的遙視能力，因為這有助於美國陸軍及中情局在哈爾與我於 1980 年初離開史丹佛研究所後，持續對遙視試驗抱持興趣。新的遙視研究是由艾德・梅爾博士在科學應用國際公司進行，這是間類似史丹佛研究所的私營「智庫」。

為了本次試驗，中情局派遣了一名戶外研究員至科學應用國際公司，該研究員會一次進行兩次試驗，看能源是否特別適合成為遙視試驗的目標，例如風力發電或原子彈工廠。

中情局的研究員會先離開艾德的實驗室，在上午 10 點抵達某地，待一會兒後，在 12 點往下一地點出發，隨後再返回實驗室，這次試驗當然也是雙盲試驗。

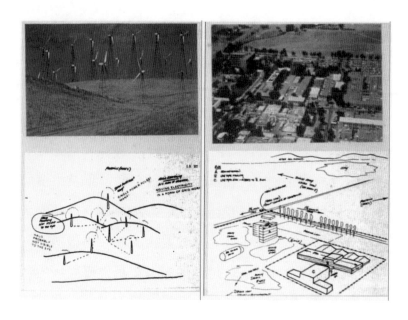

圖 28　有數十年遙視經驗的喬為中情局做的 2 次演示

　　第一個地點是距離科學應用國際公司以東約 80 公里遠的阿爾塔蒙特風力發電廠（Altamonte windmill farm）。優秀的遙視員喬描述出高塔、電網及旋轉的物體。第二個地點是勞倫斯利佛摩國家實驗室（Lawrence Livermore National Laboratory），是我們的原子彈工廠，距離艾德的實驗室以東約 160 公里。喬也精準描繪

出一棟 6 層樓高，外牆鋪滿玻璃的 T 型建築，以及建築旁一長排的樹。

　　這顯示了喬的遙視能力不因歷經 10 多年不間斷的遙視試驗而退步。遙視是不會因使用而衰退的能力，即不受衰退效應影響。

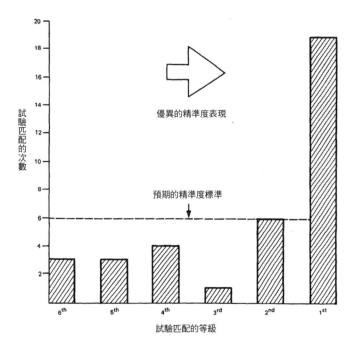

圖 29　陸軍參與者在 36 次試驗中的表現

在 1978 年，我們與 6 名陸軍參與者各別進行 6 項遙視試驗，預期每 1 名參與者在 6 次試驗中隨機 1 次精準度達一等。因此，在總計 36 次的試驗中，預計有 6 次精準度達一等。

因為遙視受廣泛應用，而且我們的遙視員均為積極主動的陸軍軍人，他們的遙視成績有 19 次精準度達一等。這 6 名軍人在接下來的 10 年成為執行陸軍遙視研究的核心人員，持續為中情局、國防情報局及諸多政府情報機構進行數百次遙視任務。

我們與陸軍參與者執行完這 36 次試驗後，注意到有一名叫哈特雷・川特（Hartleigh Trent）的參與者不停地描述隔一天的地點，這當然視同未達標。

哈特雷曾與美國超自然心理學的創始者約瑟夫・班克斯・萊茵，在杜克大學從事相關研究，自然對預知（Precognition）相當熟悉。因此，他向我和團隊顧問查爾斯・塔特（Charles Tart）博士提出一項有趣的提議，

查爾斯是加州大學戴維斯分校的優秀心理學教授。

哈特雷問我們是否能讓他先描述一個未來的目標，我們在等他描述完後，再隨機選擇一個目標。他在錄完他的描述後，致電給在遠處的車上等待的查爾斯及我。

查爾斯遞給我一個柯達幻燈片投影機，裡面裝有 60 塊幻燈片，然後說道：「羅素，交給你了。」我轉了一下幻燈片並按下投影機開關，幻燈片上出現位於王者大道上的福特汽車經銷商，距離史丹佛研究所不遠。

哈特雷過來找我們並播放他的錄音，錄音中提到「玻璃正面，還有一個類似城堡一樣非常尖的屋頂」，又說：「該處某個地方有個大星星。」我們實地去福特汽車經銷商勘查時，發現經銷商的展示窗有一顆大星星，而這是哈特雷優異的預知遙視能力的最好證明。

在我們的研究結束前，一名青春洋溢的中情局女子前來拜訪我們，目的是查出過去幾年的遙視試驗是否存有任何感知上的漏洞，以便合理化我們提交的數據。她名為法蘭馨（Francine），在為中情局工作前已取得機械

工程博士學位，她告訴我，她加入中情局是專門調查這個中情局一直資助的看似瘋狂的研究。

圖 30　為一名陸軍參與者設計的預知試驗

　　我與法蘭馨進行二次躲貓貓式的遙視試驗，由她擔任遙視員。哈爾再次被派至舊金山灣區找尋某個地點，而法蘭馨試著遙視描述該地點。

　　她的這兩次遙視試驗竟驚人地成功，但她不怎麼相信我，因為她認為我或許給了提示，又或者低聲告訴她正確答案！

　　於是法蘭馨打算不靠引導員，並戴上耳塞，試圖自己進行遙視試驗。哈爾與我則出外隨機找尋地點拍照及錄音，看她自己遙視繪製的圖是否能與我們選的地點互相匹配。因為我們也不怎麼相信她，所以將實驗室大門用膠帶從外面封死。

　　接著我們去部門辦公室請助理用她的惠普電腦隨機生成一組數字，再根據這組數字從 60 疊駕駛說明手冊中找出與這組數字相對應的方位，我們很常使用這種作法。助理後來得出的地點是「林科納達公園的旋轉盤（merry-go-round in Rinconada Park）」，該處與多年前我們一開始研究時選出的游泳池地點相同。

　　哈爾與我抵達公園後，我們錄下全部的小孩喊著

「推我、推我」的聲音，並拍下許多張兒童公園裡的旋轉盤照片。

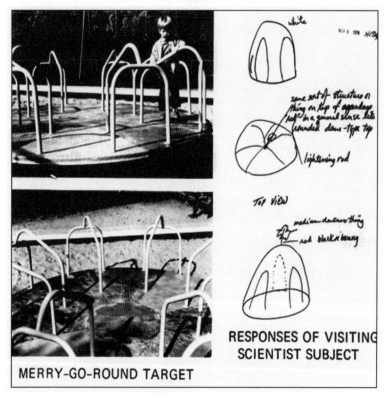

圖 31　中情局對照觀察的林科納達公園的旋轉盤圖片

　　我們返回實驗室時看見膠帶封住的地方依然完好如初，而法蘭馨已畫好她的圖在等著我們。當我們問她畫了什麼時，她說她描述不出來，只說是一種像「杯狀結構（cupula）」的東西，但自己也不清楚是什麼。

　　我女兒伊莉莎白是名精神科醫生兼俄語翻譯員，她數年後在莫斯科採訪一位知名的俄國靈媒德吉娜‧戴維斯奇利（Djuna Davidashvili），詢問她我們的美國同事藏在舊金山的何處。在那半小時的採訪中，我唯一聽出來的一個俄文字正是「杯狀結構」，意思亦為旋轉盤。

　　在史丹佛研究所的試驗中，法蘭馨說：「有種鋼製結構的東西繞著中心的柱子。」我們將拍攝到的照片放圖 31 左邊，右邊則放上她畫的圖。

　　我們與法蘭馨當朋友這麼多年以來，得知她根本不像當時她來我們研究所時所表現的這麼一無所知，她實際上有多次通靈經驗，中情局亦讚賞她成功完成試驗。後來史丹佛研究所中止遙視研究後，她成為中情局獨立遙視研究計畫的共同負責人。

　　1973 年，我們在史丹佛研究所推展的研究計畫最初的機密名稱為熾火（詳見圖 32），該圖是由不具名的陸軍藝術家繪製。

　　1978 年，在米德堡（Fort Meade）陸軍軍方接管我們的研究後，最終名稱才改為星門。星門計畫於 1995 年解密，這都是我的律師兒子尼古拉斯‧塔格（Nicholas Targ）的功勞，我現在才能出版這本書。

圖 32　熾火最初的標識圖

Central Intelligence Agency

Washington, D.C. 20505

Mr. Russell Targ
1010 Harriet Street
Palo Alto, California　94301

Reference:　P94-1192

Dear Mr. Targ:

　　This is in response to your 20 September 1994 letter in
which you presented an appeal of our lack of response to your
10 May 1994 Freedom of Information Act and Privacy Act
request for reports with the approximate titles, "Perception
Augmentation Techniques, Stanford Research Institute, Final
Report, 1973, 1974, 1975." You stated that "[t]he authors
are Harold E. Puthoff and Russell Targ" and "[t]here would be
at least two reports from 1973/4 and 1974/5."

　　Your appeal has been presented to the appropriate member
of the Agency Release Panel, Mr. Anthony R. Frasketi,
Information Review Officer for the Directorate of Science and
Technology. Pursuant to the authority delegated under
paragraphs 1900.51(a) and 1901.17(c) of Chapter XIX, Title 32
of the Code of Federal Regulations (C.F.R.), Mr. Frasketi has
directed that a thorough search be conducted of those records
systems which could reasonably be expected to contain
documents responsive to your request. As a result of these
searches, three responsive documents were located.
Mr. Frasketi has reviewed the documents and has determined
that the documents, reports dated 31 October 1974, 1 December
1975 and one undated, can be released in their entirety.
Further, in regard to your appeal and in accordance with CIA
regulations appearing at 32 C.F.R. paragraph 1900.51(b), the
Agency Release Panel, meeting as a committee of the whole,
has affirmed this determination.

　　A copy of the three documents as approved for release
are enclosed. We appreciate your patience while your appeal
was being considered.

　　　　　　　　　　　　Sincerely,

　　　　　　　　　　　　Edmund Cohen
　　　　　　　　　　　　Chairman
　　　　　　　　　　Agency Release Panel

Enclosures

圖 33　中情局寫給羅素‧塔格的信，允許他揭露史丹佛研究所先前的
遙視機密資料

第七章

未卜先知

對相信物理學家的我們，過去、現在及未來的差異
純粹只是一種幻覺，即便是一種頑固的幻覺。

——阿爾伯特・愛因斯坦，1955 年 3 月 21 日

致已故好友米契雷・貝索的小孩

愛因斯坦針對我們對時間本質的誤解發表過無數篇作品及論文。物理學家沒有測量時間流逝的工具，如同河水流過並驅動槳輪。時鐘僅是用來計量擒縱裝置（escapement）的咔嗒聲及滴答聲，與測量時間流逝無關。然而當我們順著時間想像之河漂流而下時，我們有時可看見前方的湍流——但這或許是有顆在我們視線死角的巨石出現在河流彎處的遠方造成。因此，急流預示著我們未來將會出現的麻煩。

證據證明，我們可以透過學習去意識到這些超越時空的意識帶給我們的感受。預知或預兆（premonitions）是指對未來的事件的感知，不論有無意識，而且無法基於現況去推測出來。理解這一點的另一種的方式是，去思考未來反過來影響我們早先的意識，亦即未來影響過去。接下來，我會提供從實驗室及真實生活中，佐證這項能力的證據。請記得超能力不是在實驗室研發的技術，而是人類自古以來與生俱來的能力。

路德維希・維特根斯坦（Ludwig Wittgenstein）曾

說：「凡是不理解的事物，我們必須保持沉默。」此為早期「邏輯實證主義者」的觀點，說明了科學家及哲學家不該陳述未被證實為真，或核實為假的事情，例如巧克力比香草好。

如下問題都會引起諸多爭議：「神是否創造了宇宙？」或「意識到底是實是虛？」然而，沒有任何實驗或量測工具能夠回答這些問題。

直至此刻，我仍堅持核實論述是基本原則，是不可或缺的，特別是遙視。我想在此先描述挑戰我們對於時間及因果論的常規認知的資料及經歷。

證據表明，我們完全誤解對因果論的認知，這對於物理學家來說是不可以犯的錯誤，因為一旦不了解因果論，便什麼也不了解！

物理學家可能會同意我們能感知道數百公里遠的事物，因為這與「心靈電波」（mental radio）有點類似。透過超感官知覺看見遠方的事物似乎符合常理，如同我們的視力，只不過能看得更遠。然而，看見未來對物理

學家而言是違反因果關係的。

事實上，愛因斯坦在為厄普頓・辛克萊（Upton Sinclair）的書《心靈電波》（*Mental Radio*，暫譯）寫序時，提及自己對超能力感知有興趣，但當我們想在事情發生之前，先行探索發生的事件時，卻會造成極大的認識論阻力（epistemological resistance）。

物理學家相信牛頓的第二定律，其說明外力等於質量乘以加速度（F = ma）。也就是說，當你推一輛馬車時，加速度與推力成正比。然而在這個假設中未明確說明的是，推力必須早於馬車的運動，而不是之後，這是我們常說的因果關係。要先有因，才會有果——這才與時間相符。

然而，根據數十年的預知研究數據發現，一架於星期四墜毀的飛機，會讓旅客在星期三的夜晚惡夢連連，進而影響旅客隔天的行為，這些結果甚至是出現在墜機（原因）發生之前。

從這方面來探討，值得注意的是，在 2001 年 9 月 11 日，四架撞上雙子星大樓、五角大廈及賓州田地的

飛機，搭機人數異常稀少。我當時正於義大利阿西西（Assisi）開會，亦保留著 2001 年 9 月 12 日當天的《國際先驅論壇報》（*International Herald Tribune*）。

新聞報導指出，當天 4 架遭劫持的飛機乘客人數，出乎意料地比平常早晨航班人數少一半，載客率只有 31%。或許一架載客率低的飛機還解釋得過去，但 4 架？不可能。未領取的機票很多，而這很明顯，乘客可能有預感當天早上並不適合搭飛機。

同樣地，威廉・柯克斯（W. E. Cox）在約瑟夫・萊茵的杜克大學實驗室研究火車失事事件，發現於 1950 年代東岸的列車事故，或脫軌當天的乘客人數，比其他天少更多——即便將天氣因素列入考量。這些資料足以證明人類能運用直覺來預知未來，阻止憾事發生。

預知夢有可能是一般人生活中最常見的一種超能力，這種夢給予我們窺探隔天或不久後的未來將發生的事件。當我們當下的大腦夢境意識，經歷了與未來的真實世界（大腦清醒意識）有強大且相關的感受，就會出

現這種情況。

　　這種關聯性可能是透過中樞神經系統中，粒子之間的量子相互作用所發生的現象。偉大的物理學家大衛・波姆（David Bohn）稱其為「量子糾纏」（quantum interconnectedness）。

　　1926 年，埃爾溫・薛丁格（Erwin Schrödinger）發現纏結或無法分離的原理。他說：「我不會將其稱為量子力學的一種特性。」埃爾溫於 1933 年獲得諾貝爾獎，表彰其開創性的理論物理學研究。2022 年 10 月，3 名物理學家亞蘭・艾斯佩特（Alain Aspect）、約翰・柯羅瑟（John Clauser），以及安東・吉林哲（Anton Zeilinger）因實驗證實薛丁格的觀點榮獲諾貝爾獎。

　　1972 年，我有機會參訪約翰・柯羅瑟樸素的柏克萊實驗室，在他榮獲諾貝爾獎前這短短的 50 年間，證明出薛丁格糾纏光子（entangled photons）論點的第一人，路透社以頭版報導「詭譎的量子科學榮獲諾貝爾物理學獎」。

　　2022 年 9 月，在三名物理學家獲獎的一個月前，國

際遙視協會（International Remote Viewing Association）在史丹佛研究所慶祝其 50 週年的遙視研究。史丹佛研究所在《自然》及《電機電子工程師學會期刊》發表過許多出色的論文，但並未獲諾貝爾獎——應該說是還沒獲得。

　　我認為預知夢是我們未來經歷的事件引起的。若你夢到一隻大象經過自家窗戶，隔天醒來後發現由大象領頭的馬戲團遊行在街上邁進（這根本前所未見），我們可以斷定昨晚夢見的大象，就是造成你隔天早上看見大象的經歷。

　　確認一個夢是否為預知夢，你必須學會辨認它不是由以下因素所引起：（A）前一天遺留在腦海中的殘影、（B）你的願望，或（C）你的焦慮。相反地，我們發現預知夢通常（A）異常地清晰及（B）包含奇特和不熟悉的內容。解夢專家喜歡稱之為超自然清晰度（preternatural clarity），這些都與實現願望及焦慮的反應無關。

　　一般的夢可能是與你許多想實現的願望的夢相關，像是「我夢寐以求的女孩會嫁給我嗎？」亦有可能與焦慮相關，像是「我沒準備的考試是否會不及格？」也可能是前一天遺留在腦海的殘影，你亦可能會對昨天翻船的經歷感到恐懼。這些夢境雖然有趣，但都不是預知夢。可是若你有數百次的搭飛機經驗，後來做了一個可怕的墜機夢，那你可能要重新考慮一下旅程安排了。

　　我偶爾會有非常清晰的預知夢。對我來說，預知夢得夠奇特，以及跳脫我日常生活的框架。再者，如剛所述，夢境得異常地清晰。

　　為確保你不是在糊弄自己，你得將預知夢謄寫下來，或告訴別人。倘若你做了一個完美且清晰的預知夢，卻未將其在發生前如實記錄下你認為的預知夢的話，便無法取信於人。亦即，如果你有自信做了一個預知夢，你就得乖乖記錄下來。

　　跟你分享一個我數個月前做的一個預知夢，我並未記錄下來，但我有跟我太太提起，我有自信這個夢會在

一兩天內發生。

　　我夢到一台電動玩具火車在我們教堂天花板客廳的方形天花板上行駛。我清楚看見這輛四四方方的火車，與德國馬克林公司出產的相似。這個夢十分美好，我沒有這樣的火車，但 40 年前，我兒子在另一棟房子裡有一輛。

　　我做的這個夢符合我提出的五種要求，我跟我太太說了這個夢、拿了杯咖啡走進我的居家辦公室。我打開電腦連上首頁，首頁是《紐約時報》。猜猜看《紐約時報》的首頁畫面是什麼呢？當日頭條新聞是修復及重建盧普區（The Loop）的高架列車，其位於芝加哥市中心，是我生長及我父親以前開設書店的地方。頭版的圖面與我夢境中的方形列車一模一樣，繞著盧普區行駛，這令我相當震驚，因為完全正確。

　　在我描述的這項案例中，夢中的我與未來清醒的我似乎交纏在了一起。未來的我的經歷可能就是來自我的預知夢。我們的研究明確表明，先見之明能有效地強化遙視效果，但非必不可少。

圖 34　芝加哥盧普區的高架列車

　　有時我作夢後沒有報告，但隔天它卻實現了，這種我們稱之為第一種錯誤（排除真實假設）。我也曾告訴我太太一些從未成真的離奇夢境，這是第二種錯誤（錯認虛假的假設）。在科學領域，必要時拒絕歪理是正確的選擇，但從安全來考量的話，這非常糟糕，忍受幾次烏龍事件總比可能發生的許多未知的事故來得好。

　　舉例來說，我們一位中情局締約官與其同事在底特律監督他負責的一項計畫，雖然在底特律待的最後一晚很晚才睡覺，但他卻難以入眠。在他睡著後，他做了一個可怕的夢，夢見自己搭的飛機燃燒墜毀了。他隔天一整天都在為這場夢煩擾不已，因為他預計當天晚上飛離底特律。由於夢境實在過於可怕地真實，他隨後告訴搭檔要在底特律多待一天。

　　當然他認為班機實際失事的可能性非常小，然而，他在我們實驗室見過無數次超能力事件，這讓他猶豫了一下──況且他家裡有個可愛的小女兒，不想再也見不到她。雖然他與我們大部分人一樣，不想顯得愚昧或迷信，他因此沒跟搭檔說他推遲班機的原因（在某些政府部門會被要求不得問太多問題）。

　　當天晚些時候，在送他的搭檔去登機後，他駕車沿著臨街的道路離開，聽到了一聲轟隆的爆炸聲。他原本要搭的那班飛機失事了，造成許多乘客死亡，包括他的搭檔，他亦因此震驚了一個星期。

　　這便是未來影響過去的一個案例，有大量的證據證明此一情況的存在。所以，我們能從這真實故事中得出什麼結論呢？第一，大家可能對搭飛機有點焦慮，但是我與那位中情局締約官從未作過與墜機相關的夢。他的工作使得他得常常搭飛機——搭過數千次飛機，因此可以在不做調查前先行假設，夢見搭上失事的班機是不尋常的。

　　你可能會說，「但是，他並未搭上那班飛機，他是目擊到飛機失事。」這涉及到超能力研究中最有趣的問題之一：你能否使用預知資訊來改變你感知到、但不喜歡的未來呢？問這個問題想當然是因為不希望發生不愉快的事情，所以才想改變未來，那麼夢究竟是從哪裡來的呢？對於這個問題有兩個相當合理的解釋，兩種說法都有可能是正確的。

　　預知夢並非預言，而是基於當前可用的數據或世界線的預測。如果你將世界視為一個巨大的四維時空立體，那麼我們可以被視為《糖果屋》中的兩名小孩，在

三維空間裡邊移動，邊沿路留麵包屑。同樣地，我們以每秒一秒的速度沿著時間軸移動。

因此，生命是由時間及空間組成，透過一個巨大立方體的三維空間及一個時間維度，循軌而行。這條軌道便是世人周知的個人世界線。假如我想善用新獲得的預知資訊，我就能改變未來。

舉例來說，如果我期待與某人共進晚餐，並清楚地夢見與她在一處色彩繽紛且特別的餐廳吃飯的話，我對這件事能否實現有一定的自信——即便這很可能是與實現願望有關的夢。然而，如果我先行告訴約會對象我的夢境，她可能會說：「我本來想跟你去新開的那間有趣餐廳吃飯，但我又不想讓你覺得我是按照你的夢境走，所以我們改約下週吧。」

這就是伯特蘭‧羅素（Bertrand Russell）在他的著作《類型論》（*Theory of Types*）中描述的自我推論的惡性循環悖論——利用來自未來的訊息篡改未來。夢境是預測未來會發生的事件，除非你根據夢中的訊息，試圖做出改變，但如果這種改變並不會使預測失真，也就沒

有存在悖論。因為這常讓人感到困惑，所以我們可以探討另一個假設性的例子，來更加清楚說明。

　　一名知情人士從間諜身上得到情報，透露敵方將會進行突襲，這種情況等同「預知訊息」。在掌握這些訊息後，我方率先發動突襲，趕跑敵方。敵方當然不能也不會攻擊我們了，但我們並不會因為掌握到的資訊未發生而解聘知情人士或間諜。他們提供了未來可能發生的事件，如果未加以干預的話，原本是會在未來實現的。

　　第二個問題是：「倘若我未曾身臨其境，如何能夢見飛機失事呢？」這個答案比較不一樣。你夢見飛機失事，想像自己搭上失事的那班飛機。我們的好友近距離目睹飛機墜毀，因為他本應該搭上那班飛機，他自然在夢中想像自己搭上那班飛機。我們可以說他隔天下午目睹的這場駭人的墜機事故，就是他前一晚做夢的原因。

　　這現象稱為逆因果關係（retro-causality），可能是絕大部分預知的依據。未來的事件不必直接受感知或經歷，才能產生逆因果效應或觸發預知的意識，這才是我們需要認識及理解的。

　　格魯德‧施梅德勒（Gertrude Schmeidler）於 1964 年在紐約城市學院進行的研究表明，使用電腦生成的目標的強迫選擇試驗中（即參與者了解目標的範圍是有限的），遙視員在完全未收到任何提示的情況下，也出現了顯著的預知效應。

　　然而，我認為未來改變過去不可能會發生，可以確定的是，未來的一切事物絕不可能讓已發生的事實消失。哲學家稱此為干預悖論（intervention paradox），這一悖論由臆想實驗（thought experiment）呈現，你殺了你兒童時期的祖母，你當然就不會存在，甚或更糟，消失不見。這種情況雖然有趣，但沒有一丁點證據讓我們相信此矛盾會發生。

　　波斯詩人兼天文學家奧瑪‧珈音（Omar Khayyam）詩意地描述過去事件的亙古不變，收錄在他約公元 1100 年左右的不朽史詩《魯拜集》（Rubaiyat）中：

奮筆疾書欲消停，

虔誠機智難抹剎。

巧引難喚僅前行，

淚盡欲抹為徒然。

在這一切之中，我們反對一切無法改變的時間之矢的存在。相反地，我們知道某些不可逆的時間現象的存在，例如熱傳導、擴散、化學反應，唉，還有老化。在所有這些現象之中，只要對關注的現象錄影，很快便能發現是在向前還是向後運行。

另一方面，有諸多可逆效應則能從前後運行，這些包含所有電磁力、無線電波傳播，以及在沒有摩擦情況下的力學定律。矛盾的是，這並不適用於擺鐘的擺錘。因此，時間的不可逆性偏向事實而非定律，全憑觀察到的事件類型而定。預知亦無違反任何定律，在適當的條件下，預知在原子及次原子階層頻繁出現。

從 1935 到 1989 年，查爾斯·霍諾頓（Charles Honorton）及黛安·法拉利（Diane Ferrari）對超能力

預知未來的研究數據進行詳盡的整理，他們發現有 62 名研究員執行 309 項預知實驗，在這之中逾 5 萬人參與 2 百多萬次試驗。

實驗結果得知，有 30% 在統計上為顯著，表明人們能描述未來事件，僅有 5% 是單憑運氣。這使得整體顯著性超過 10^{20}（1 垓）比 1，如同朝空氣丟擲 70 枚硬幣，每個硬幣落下都是正面。這一大批數據提供強而有力的證明，證實預知未來確實存在——我們不能將其歸因於個人的運氣——這徹底顯示出我們誤解時間維度與人之間的關係。

數年來，超自然心理學家一直努力找尋方法，以鼓勵實驗對象展示其對未來的通靈能力。這 309 項實驗使用強迫選擇受測法，即實驗對象得從 4 個顏色的按鈕中選擇會發光的一個，或是從 5 張卡片中挑選一張稍後會播放出來的一張。在這些實驗中，都是由亂數產生器隨機選擇目標，研究人員無從得知。實驗對象得試圖從已知的選項中，猜測接下來會看見什麼樣的內容。

在某些情況下，例如 1964 年的那次試驗，實驗對象在未收到任何提示的情況下，必須猜測稍後會被隨機選出的目標。我們可以從這些研究中獲得兩個重要的訊息：大量證據顯示預知能力的存在，以及實驗有比較成功及比較不成功之分。

影響實驗成功與否主要取決於 4 種因素。若你想要實驗成功，請務必牢記這 4 點。首先，與有相關經驗及對研究結果有興趣的受測者進行研究，而非與無相關經驗且對研究結果不感興趣的受測者進行，這會讓實驗成功機率大增。

例如，在一班對超感官知覺不感興趣的學生中進行實驗的話，幾乎不會有任何成功機率，儘管如此，研究員仍不死心。此外，對實驗無比熱情的參與者通常在進行預知實驗時最為成功。有無經驗的受測者之間在得分率上的差異比為顯著，其概率為千分之一。

影響成功的另一項因素表明，個別接受測試遠比集體實驗成功得多，成功的要點是必須讓每一位受測者感

受到實驗的意義。從統計的角度來看，個別實驗比集體
實驗成功比率為 30 比 1。

第三點，實驗後的回饋是有價值的。我一直認為回
饋對所有通靈能力都相當有幫助。在預知實驗中，我感
覺到當受測者在後續收到回饋時，通常（但不是一定）
會體驗到這是預知的來源。這點在強迫選擇試驗中尤其
明顯。

最後一點，研究表明，受測者愈快收到回饋，命中率
就愈高。也就是說，從強迫選擇到的目標來看，預測即
將來臨的未來似乎比久遠的未來容易。在實驗室裡的實
驗中，受測者在預測數秒或數分後發生的事件精準度極
高，但在預測數小時或數天後的事件精準度則較差。這
結果似乎亦適用於自然而然發生的預知。另一方面，也
有可能人們在有機會驗證久遠未來的夢之前，就將其遺
忘。

因此，在這些研究當中最重要的因素分為下列 4 種：

1. 有經驗（有資質）對比無經驗的受測者
2. 個別試驗對比集體試驗

3. 有回饋對比無回饋

4. 受測者的回應與猜測的事件之間的時間間隔較短

在此我想補充第 5 點：回答方式的自由程度（例如遙視）會比強迫選擇試驗更為成功，原因我們已經討論過了。強迫選擇試驗鼓勵受測者猜測及說出目標名稱，這顯然對遙視沒有幫助。

在霍諾頓及法拉利分析的數據庫中，有些實驗具備所有 4 項有利因素，有些則具備所有 4 項不利因素。整體而言，87.5% 有利的通靈研究相當成功且成果顯著，而完全不利的通靈研究則沒有一項在統計上達顯著。既然我們現在常在有利的條件下進行實驗，我們可以肯定，在過去這 50 年來，我們對通靈能力有一定程度的了解。其實應該說是非常了解。

我們都明白，強迫選擇的超感官知覺試驗，對於激發通靈能力的效果非常沒有效率。上述研究中顯示，研究員平均得執行 3600 次試驗才能在統計上達顯著。若實驗採取自由回應的方式，例如遙視，我們通常僅需進

行 6 至 9 次實驗，便可達標。在我們與赫拉進行的預知實驗中，該論文發表於《電機電子工程師學會期刊》，我們一共設了 4 個目標，赫拉全都預測正確。

我們對預兆有著熟悉的概念，指人的內心感知到未來的事件──通常不是什麼好事！另一種概念稱為預感（presentiment），即人的內心感受到一件奇怪的事，而且即將發生的直覺。比方說你走到一半突然停下來，因為你感受到「不安」，結果一個花盆從窗台上掉了下來，砸中你的腳，而非頭頂，這就是預感帶來的好處。

我最近有一起因預感帶來的好處。某個星期五晚上，我在辦公桌前靜悄稍地支付帳單時，突然開始擔心遺失信用卡該如何是好，但我在此前從未遺失過一張信用卡。這種恐懼感強大到促使我停下手邊的事，走向另一個房間，從皮夾拿起信用卡，硬是在我的個人電話簿上抄下卡片號碼。

隔天，我去了趟帕羅奧圖大學路上橫跨數個街區的手工藝品市集，該路段亦是帕羅奧圖的主要街道。我在

那裡買了些漂亮的陶瓷碗，當時天氣非常炎熱，一名經銷商販在販售用啤酒杯裝的冰涼啤酒。可惜的是我手上的現金已花完，所以我跑去附近銀行的提款機，拿著我的信用卡領些錢買啤酒。我一手拿著一條長長的收據，一手拿著錢，出發去買啤酒消暑。

　　兩天後，當我買完食物在結帳時，我驚訝地發現皮夾裡的信用卡不見了。思考一陣子後，我推測出應該是遺落在市集的提款機裡，但幸好有先前的預感，我記下了卡號，讓我能打給信用卡公司請他們補發一張新卡給我，這就是預感帶給我的好運！自那時起，我便牢牢記得我的卡號。

　　在實驗室中，我們若向受測者展示一張恐怖的照片，受測者的生理指標會有劇烈變化。他們的血壓、心跳及皮膚電阻都會改變。這種類似戰鬥或逃跑反應亦稱為「定向反應」（orienting response）。

　　研究員迪恩・雷丁（Dean Radin）在內華達大學的研究指出，在受測者看到恐怖照片幾秒鐘前，他們生理

上亦會出現這種定向反應。在平衡且雙盲（對受試者和施測者都保密）的實驗中，雷丁證實受測者看到性愛、暴力或混亂的場景前，身體會預先做出反應，抵抗衝擊或侮辱。反之，當受測者在看到一幅花園的照片時，則無如此強烈的預期反應，因此，恐懼比喜悅更容易從生理角度來衡量。

雷丁實驗中的照片取自於心理學研究中使用的一套標準化及量化的情緒刺激圖片，舉凡海灘上的裸照和下坡滑雪等正面圖片，另有車禍和腹部手術等被認為是較負面的圖片，或者像紙杯及鋼筆這種中立的圖片。

研究結果顯示，在稍後展示給受測者情緒刺激指數愈高的圖片時，受測者在看到這些圖片之前的情緒反應幅度會逐漸增強，此研究結果令人震撼。亦即，圖片的數值分數與受測者的數值分數呈正相關，其差異性高達100比1，顯示出的相關性代表效果是真實的。

荷蘭烏特勒支大學（Utrecht University）的教授迪克‧畢爾曼（Dick Bierman）已成功複製出雷丁的研究結果。不過，他是搜集一套更為「刺激」或露骨的圖片

才讓見怪不怪的阿姆斯特丹的大學生產生預知反應。

　　因此，你對圖片的直接生理感知，會使你在看見圖片前，及早觸發獨特的生理反應，所以你的未來才影響著過去。

　　威廉‧布勞德（William Braud）於其出色的著作《遠程心靈響應》（*Distant Mental Influence*，暫譯）中，描述了這些實驗：

　　雖然預感效應通常被認為是在無意識的狀態下反應了預知（感知到了未來），但這些有趣的研究結果同樣能以客觀的事實作為實例來詮釋，並有可能以逆時間的方式影響人的生理反應（幻燈片的呈現方式或人對幻燈片的未來反應）。

　　物理學家艾德恩‧梅尹（Edwin May）及詹姆士‧史波提斯伍德（James Spottiswoode）取得更有力的研究結果。他們測量受測者即將從耳機中聽到吵雜的噪音時

的膚電反應（Galvanic skin response），同樣地，測量結果顯示，他們的神經系統似乎能夠事先察覺到稍後會受到不舒服的刺激。

然而，這種預知刺激反應最強而有力的證據，是由匈牙利學者佐爾坦・瓦西（Zoltán Vassy）提出。他用疼痛感的電擊作為刺激，使皮膚預先識別。他的研究是當中最有說服力的，因為人類從未適應過電擊。電擊一直以來都會給人既新且警覺性的刺激，即使這種刺激不是當前發生。

不過在梅尹的實驗中，當我接收到一些噪音的刺激後，我的身體很快意識到該噪音不會對我造成傷害，於是我變得對噪音的警惕性降低——造成預知刺激反應下降。這部分我可能跟別人不一樣，因為我既是研究員，亦是冥想老手。

達里爾・班姆（Daryl Bem）是康乃爾大學一名思路敏捷且極富創意的心理學教授，亦是名有長才的魔術師。我很榮幸能成為他的好友，這幾十年來享受他的陪

伴。在康乃爾大學快活研究數年知覺心理學後，班姆教授將其重心放在預知及預兆的詳細研究。他熱衷於鑽研學問，並有著數不清的大學生作為實驗對象，供他進行實驗。

數年來，班姆執行 9 項一系列的實驗，研究我們當前的感受及選擇是否受未來發生在我們身上的事件影響。例如，一名男子在決定與兩姊妹其中一位結婚時，可能會感覺到雖然蘇是兩姊妹中比較漂亮的，但內心直覺告訴他，莎拉會讓他未來更幸福。我們可將此歸結於好的判斷力，或命中注定，而班姆則向我們展示不同的觀點。

班姆的 9 項試驗由 100 至 200 名大學生組成，他們必須在兩台螢幕投射出來畫面之前，選擇其中之一，學生此前對該實驗與預測未來有關毫不知情。有時候，他們會有意識地預知到未來想要看到的圖片，但有些時候，出現的圖片會需要他們用其通靈的能力，避免出現不想看到的圖片。

在班姆的首次實驗中，亦秘密稱為「情慾撩撥」。

自願參與超感官知覺實驗的學生，可收到一筆車馬費或一個大學學分。學生本以為這超感官知覺實驗與此前並無二致，只需要在可能會出現照片的螢幕按下對應的按鈕。其中一個畫面會顯示有趣的彩色圖片，另一個則維持空白，這便是學生預期的情況，也是實驗表面看起來的樣子。

實際上，圖片分為三種，煽情、一般或負面。我們都知道什麼是煽情圖片。一般圖片則是類似花及咖啡杯。負面圖片包含車禍、手術、暴力等。

學生不清楚的是，所有的圖片都是在按下按鈕後由螢幕隨機播放的，出現在螢幕的三種圖片亦是在按下按鈕後隨機挑選的。因此，在他們按下按鈕前，顯示的圖片及位置皆無從得知。

結果毫無意外的顯示，跟咖啡杯或車禍圖片比較起來，大學生較容易尋找到煽情的圖片位置。事實上，隨機出現的煽情圖片相較其他兩種圖片更容易找出——統計上顯著差異達 100 比 1。有趣的是，評定為「外向」的學生，挑出煽情圖片的機率達 57%，幾乎是萬分之一

的機率。外向的人似乎在超感官知覺實驗表現得總是特別出色。

　　我現在來描述班姆的另一項有關閃躲的實驗。本實驗對象為 100 名學生，但實驗看起來與超感官知覺無關。每位受測者進行 32 輪實驗，在每輪實驗中，他們快速（33 毫秒的時間）瀏覽每組 2 張的一般圖片，每組之中的一張圖片是另一張的鏡像。學生僅需在較喜歡的圖片按下按鍵，隨機的數據產生器便會在學生按完按鍵後，出現「正確」的目標圖片。若學生偏好「不正確」的圖片，螢幕接下來會出現「引起不適的負面圖片」，每次閃爍 3 次，每次持續 33 毫秒。

　　結果顯示，學生透過事先選擇出「正確」的圖片，閃躲過負面圖片的成功率相當高，機率為千分之七。外向的人再一次比其他人的成功率高出兩倍，閃躲看見負面圖片的機率達千分之二（P = 0.002）。班姆於這一主題上進行另外 7 次不同實驗。

　　其中兩項試驗涉及班姆聲稱的「回溯促發」

（retroactive priming），亦即在受測者做出選擇後，他以潛意識的方式給予他們正確答案的線索。我們都知道出現在電影院的潛意識資訊或圖片，都會引誘你購買爆米花或可樂。在這些實驗中，班姆要求受測者表達他們剛短暫看過的圖片感受——就圖片是否令人感到愉快給予意見。受測者在給予意見完後，會立即看到「美」或「醜」的文字。

在這兩個試驗中，受測者給予意見後出現的文字明顯地影響了他們的意見。這全部實驗簡單來說就是證明未來如何影響過去。班姆這系列實驗的整體顯著性逾10億比1。我將此系列實驗結果的總結列於表格3。

班姆這60頁的論文記錄其極顯著的成就，並表明未來不僅能提前知曉及感受（這也是他將論文稱為「感受未來」的原因）。更重要的是，實驗禁得起時間的考驗，重製性相當高。本篇論文是一系列研究方法之一，表明超能力並不微小亦不虛幻，是一項非常重要的發現。

表 3　達里爾・班姆的 9 次預知實驗的總結

實驗	實驗次數	機率
情慾撩撥	100	0.01
閃躲負面	150	0.009
回溯促發 I	97	0.007
回溯促發 II	99	0.014
回溯慣性 I	100	0.014
回溯慣性 II	150	0.009
回溯乏味	200	0.096
回溯記憶 I	100	0.029
回溯記憶 II	50	0.002

第八章

培養超能力

　　有人可能會問，史丹佛研究所遙視項目的研究資料，是否有足以左右決策層決策的重要性？當然，除非決策者出面對遙視表達認可，否則無法確定。其中一個左右決策的例子是發生在卡特執政時期，當時在史丹佛進行的研究涉及部署移動式 MX 導彈系統（MX Missile System）。在當時的情況下，為了避免遭受偵測，導彈會隨機從發射井移至另一發射井，有點類似高科技的詐騙遊戲。

　　我們運用電腦模擬，對一個擁有 20 個導彈發射井的場域隨機分配導彈藏匿位址，之後藉由對應遙視（Associative Remote Viewing）產生的資料，有點類似白銀期貨預測（詳見第九章），顯示出應用精密的統計平均技術，原則上可以讓對手擊敗該導彈系統。

　　哈爾·帕洛夫在有關單位的要求之下對結果進行簡要說明，一份記錄著技術細節的書面報告在負責威脅分析的有關單位之間廣泛流傳。

　　取消該計畫的複雜決策背後，我們的貢獻在不同因素中發揮了什麼作用（如果有的話），可能無從得知，甚

或微不足道。儘管如此，這對於我們在史丹佛研究所進行的研究來說相當普遍，具有潛在影響政策的性質。

講白一點，我們運用遙視能力定位到其模擬導彈藏匿位址的結果，嚇壞了科技評估處（Office of Technology Assessment）。英果・史旺便是當時的那名遙視員，3個月後，導彈發射井的計畫遭扼殺。

如你所見，此技術有許多且不同的應用方式。我會在本章節講述一開始學習遙視時的基本步驟。遙視需2名人員作業，特別是剛開始。擔任遙視員的你需要描述你的朋友（即引導員）搜集到的有趣小物品在你腦海中的心靈影像。引導員需搜集許多這些有趣的小物品，並將其分別裝入小咖啡色紙袋中。

在開始遙視訓練前你必須先做一個棘手的協議。當我教授遙視時，總喜歡在前二次實作加入遙視員與引導者之間探索心靈感應通道的可能性。這能給遙視員三種接收特異功能資訊的管道：遙視員與腦海中有物品答案的引導者之間的心靈聯繫；與欲遙視物品之間的直接透

視聯繫；以及在遙視完成後，當引導員將遙視物品放在你手中時，從引導員身上得到的回饋。

　　然而，如果引導員知曉該物品，必然有可能會下意識地在你進行遙視時，針對你口述或繪製的圖片給予正確的提示，而這會導致負面的結果。在這種情況下，你只能觀察引導員的呼吸及語氣，將腦海中的通靈及心靈過程拋諸腦後。

　　有趣的是，如果我們詢問專家，英果會說，剛開始學習遙視時，在引導員知道物品答案的情況下較容易成功，他在教授軍方遙視時提出了這一觀點。但另一方面，喬．默尼格爾卻於其著作《遙視秘密》（*Remote Viewing Secrets*）中說道：「所有在場的人都不該知道他們正準備遙視何種物品。」所以，該相信誰？

　　2010 年，我在巴黎參加超自然心理學協會的國際會議，並獲得了傑出事業獎。在這場會議上，我與抱持懷疑態度的研究員交流，告訴他們誘發感興趣參與者的超能力是多麼容易與自然——這點與這些研究員的經歷完

全不同。

　　會後一名年輕的女性研究員問我願不願意向她展示遙視能力。隔天，她與一名同事帶我及我太太參訪我們盼望已久的沙特爾聖母大教堂（Chartres Cathedral）。午後，我在一間咖啡館，教導剛認識的新朋友克萊兒如何遙視，以及描述我特別帶給她的東西。這當然不是雙盲實驗，而她對我為本次非正規的實驗從美國帶來的東西全然不知情。

　　我確信以我資深的經歷不會下意識地透露答案給他，我只是翻過一張餐墊紙，遞給她一支筆，然後說了宛如魔術般的話語：「我帶了一個有趣的小東西來給妳看，請告訴我這物品出現在妳意識中的影像。這裡有一物品需要妳來幫忙描述，但請別說出物品名稱或猜測物品，僅需告訴我妳腦袋中新奇且獨特的印象。」

　　圖 35 為克萊兒繪製的圖畫。遙視物品有三樣。其中一個為折疊式鍍銀水杯，杯子把手能往內折。這個杯子原本是我在研討會時做的另一項實驗用的，碰巧杯子

底部有一枚銀幣。此外，這個杯子放置在一個鱷魚皮製圓罐中，頂部有個密封蓋。我事先知會克萊兒，這物品既複雜又難以描述。

圖 35　遙視員於法國一間咖啡館繪製的圖及遙視目標——折疊式銀杯

克萊兒先在餐墊紙左側畫一個小圓，她說：「我遙視到某個圓扁狀物。」我當下並未接話，改為建議我們稍作休息，看看是否會有其他影像進入她的意識中（我此時完全忘記杯子裡的銀幣）。

休息片刻後，克萊兒說：「我遙視到一個發亮的金

屬圓柱體，而且可以上下移動！」她畫下她描述的畫面後，我們再休息一會兒。最後，她畫下第三個圖，是一個有著交叉線條的小圓柱體，她說這也是遙視到的影像。於是紙上左側畫有一枚銀幣、中間畫有杯子，而右側畫有一個鱷魚皮製盒子。這整個過程，對這些極難描述的物品做出如此精準的描述，僅花了 10 分鐘。

學習遙視的首要原則便是遙視體驗得夠有趣！我剛提到，彼此之間的心靈感應通道可以運作得如此巧妙，若是剝奪自己這種體驗將是一種遺憾，特別是在學習遙視及處理心靈影像的最初階段時。但在執行兩三次實驗過後，就應改為雙盲實驗。

你可以請引導者均勻混和每個物品的紙袋，讓引導者自己也辨別不出來。接下來，放其中一個紙袋在地上，記得放在視線之外的地上。其實應該每個袋子都得放在視線不及之處，因為大家通常會盯著袋子看，彷彿可以像超人一樣用 X 光看透物品內容，但這不是運用遙視的方式。

　　準備好後即可進行雙盲遙視實驗。我在史丹佛研究所執行的所有遙視及操作性實驗中，我從不知道欲遙視的目標是什麼，所有的實驗一開始就都是雙盲。

　　實驗進行時，引導者應與你坐在燈光昏暗的房間，兩人都拿著紙筆，而引導者會告訴你我有「一件需要你描述的物品」。

　　如果實驗進行時，你腦海中已經有清晰的初始印象或畫面的話，請立刻在紙的最上方寫下來，並標註「初始畫面」，否則他們將在整個實驗過程影響你的判斷。在初始畫面下方畫一條線提醒自己這可能與今日欲遙視的目標無關。

　　閉上眼睛，休息數分鐘後，告訴引導員出現在你腦海中有關於該物品的所有畫面，從一開始出現的零碎畫面著手描述。這些最初的通靈畫面是形塑你遙視時最重要的形式。畫面出現時，將他們畫下來，即便其完全不合理或根本不像物品。「說出物品名稱」及分析都對遙視毫無幫助。你的手可在紙的上方揮動，注意你的揮動

動作，並描述你的潛意識想對你透露的事情。

很好，現在先稍做休息。請記得在每次新畫面從腦海中浮現後，都要深呼吸一次，接著重新審視你的內心世界。希望你到時會「看見」或接收到不同的零碎片段（影像），但你也可能再次看見同樣的片段。作為一名遙視者，你的任務是搜尋別具特色且新穎的畫面，但與你人生經驗不相關的心靈影像。

再休息一次。遙視第三次時，想像你將該物品握在手裡，問一下自己，例如：這東西有顏色嗎？是什麼質地？會發亮嗎？邊緣鋒利嗎？這個物品的用途是什麼？有可拆卸的部分嗎？有味道嗎？輕還是重？是木製還是金屬製？根據你的感覺及出現的畫面，寫下你的答案，請持續此步驟到沒有再度出現新影像或畫面為止。英果‧史旺稱此階段為「感知美感衝擊」。

一次遙視的時間不能超過 10-15 分鐘。請記得……想要正確，你得願意犯錯。這是兩位遙視搭檔之間彼此信任的重要性。好消息是藉由這整個過程，你能學會對一項未知物品做出優異的連貫描述，而壞消息是，你絕

不可能通靈到確切的物品，因為這需要分析及說出物品名稱的步驟。

在你描述完不同影像後，整理所有你所說過的話是很好的練習。試著指出哪些影像你感受最強烈，對比那些更像是來自記憶、想像或當天看到的事物的雜訊。亦即，你得查看筆記，盡可能將你最有信心的通靈片段與分析性雜訊區隔開來，留下的部分便是你對該物品的最終描述。在過去，超感官知覺研究員發現這些「有信心的判斷」通常都是正確的最佳指標。

然而，若有人提前告知你欲遙視的目標是兩個或多個特定物品，並透露其名稱，這將會大大增加描述正確目標的難度，因為你心中已對該目標的外觀有著清楚的印象。

為了從分析性阻礙（心靈雜訊）中區隔開通靈訊息，你必須重覆檢閱遙視過程數次。因此，我們強烈建議不要用已知的目標進行練習。

據我所知，英果‧史旺是唯一一位可以正確辨別出

已知目標的遙視員，正確率達八成，例如在一次正式的遙視實驗（由 50 次小實驗組成）中，他必須區分出兩種類型的網格紙——方格紙和極坐標紙！

在你畫完草圖並寫好你的影像後，引導者要向你展示遙視物品，要逐一檢視你所描述的所有正確物品，同時點出那些未說中的部分。

你可能會說出：「我當時有看到，但我沒提出來！」然而，遙視的規則就是，如果沒寫下來，就代表沒發生。因此，記錄或畫下一切非常重要，到後來你就會了解如何識別通靈影像與排除心靈雜訊。

我們常將超能力與音樂天分相比較，超能力普遍存在人群中，每個人都有一定的超能力，只是程度上的差異。即便是毫無天分的人也能彈奏一點莫札特的曲子。但是，與生俱來的才華及後天的努力是無可替代的。如果你覺得這聽起來很簡單，它就是這麼簡單。我只是老實告訴你入門方式，最重要的是，允許你表現及運用你與生俱來的能力及天賦。以我這 30 年來的經驗保證，你

絕對可以學好遙視，只要你遵循指示。我沒有隱匿任何秘訣。我懷著興奮及敬重之心祝福你成功。

在自己證明完這些直覺能力確實存在後，你可能開始想了解非屬於自己的意識到底還有哪方面能探討。遙視的實際價值是讓我們接觸不受距離或時間約束的意識。遙視使我們意識到彼此之間的共同關聯，以及相互依存的本質。尤其是在我們與朋友分享知識時，其重要性更加明顯。我認為我們在幫助彼此一起擴展意識，以及觸及我們內心的靈性層面。

天文學家現在能接收及分析來自距離地球數 16 億公里遠的電波星訊號。邁射（Masers，受激輻射式微波放大器，與雷射原理相同，只是名稱不同）可放大訊號，卻不會過分增加淹沒在訊號中的背景恆星噪音。然而，要達成此目標，偵測系統必須在極低溫下運作，因為系統在室溫下本身就有噪音，導致極微弱的毫米波訊號遭淹沒。

偵測微弱訊號的重點是找尋能增加訊號和噪音比率

的方法。如果接收到的訊號能量為 10 微瓦，周圍噪音亦為 10 微瓦的情況下，訊號和噪音比率為 1，非常難以偵測。若我們能將整個偵測系統冷却下來，將噪音從 10 微瓦降至 1 微瓦，就能將訊號和噪音比率提高十倍，便能發現某種訊息。

我們目前不清楚如何在自我意識中增強通靈訊號，相反地，我們卻非常善於降低心靈雜訊。我們在實驗室進行遙視實驗時，我們會選擇有趣但未知的目標，而非數字或字母，遙視目標去除數字或字母是降低心靈雜訊的方法之一。

有一次我在義大利阿爾科湖邊小鎮教學時，當中有一名遙視學員為建築師，其遙視目標為帕德嫩神殿。他以繪製建築「藍圖」的方式畫出一幅巨細靡遺的古建築。神殿的柱子平整地畫出，而且其位置都是以外圍形狀為長方形的圓點標示。這種做法很常出現於遙視圖片中。當遙視目標有重複的元素時，遙視到零碎的片段就很常見，例如美國國旗上的星星及條紋、一排柱子或一

串珠珠。

　　英果・史旺在其出色的著作《天生的超感官知覺》（*Natural ESP*）的其中一章描述此種變異是如何而來。他稱該變異為「缺乏整合性」，並給出 4 種變異程度：

　　1. 所有片段都正確感知出，但無法串連成整體。

　　2. 有些部分有整合，但不全面。

　　3. 雖有整合，但仍只是大概。

　　4. 片段未正確整合，所有片段都有整理出來，但組合在一起時，形成錯誤的影像。

　　法國工程師勒內・沃克里耶（René Warcollier）在其 1948 年出版的劃時代巨作《心連心》（*Mind-to-Mind*），亦提及此現象。沃克里耶稱之為「平行法則」，即相似的幾何元素重新排列：

　　在原本應為靜態的幾何圖形中，注入動力元素……如同我們的心電感應沒有特定的幾何圖形構成記憶，例如長方形及圓形。相反地，我們只有角度與弧度……在

相應的部分之間，彼此存在著一種吸引力，我稱該部分為「平行法則」。

圖 36　勒內‧沃克里耶的實驗證實缺乏整合性的存在

從沃克里耶繪製的數百張圖片中，他從中提供了 6
張平行法則及缺乏整合性的插圖範例。圖 36 顯示，符號
之間碎裂成角度與弧度。

沃克里耶對通靈感知的問題見解獨到，他以及其後
的英果‧史旺認為，心靈分析、記憶力及想像力都是遙
視時構成的心靈雜訊。因此，遙視者觀看到愈原始、未
經解譯的意象或體驗，效果就愈好。

我們應當鼓勵遙視員說出自發的感知（你現正經
歷著什麼？你是看到了什麼才讓你說出這些話呢？），
而不是分析，因為赤裸裸的直接體驗往往能「正中目
標」，分析通常不正確。

沃克里耶亦於《心連心》中，提出關於超能力的溝
通理論及實驗。他詳細描述為何自由回應幾乎總是優於
強迫選擇試驗，因為自由回應讓遙視員擺脫記憶及想像
力的心靈雜訊。可惜的是，過了 20 年超感官知覺的研究
員在設計實驗時，才接納這位優秀觀察家的想法。

　　事實上，我們一開始進行這項研究時，中情局的心智控制計畫（Project MKUltra）負責人希尼・葛利布（Sid Gottlieb）試圖引導我們朝不同的方向進行研究。哈爾・帕洛夫與我首次在中情局的地下辦公室和他會面，他坐在椅子上、抽著菸斗，四周擺滿佛教及化學的各式書刊，他看起來和藹可親，我們當時試圖忘記他在過去 10 年間，如何折磨來自世界各地的人，就為了替中情局獲取情報。

　　希尼與我促膝長談逾一小時，談論我們喜愛與不喜歡的致幻藥物，他強烈建議我們給遙視員吸食致幻藥麥角酸二乙胺（LSD），讓他們有意願透露更多訊息。

　　我告訴他吃致幻藥當然會讓他們說更多，但遙視實驗進行時，遙視者得時刻保持敏銳和警惕，才能辨別通靈訊息與心靈雜訊。遙視並非一種「幻覺」。

　　然而，保持「敏銳和警惕」不代表「分析」，我們從遙視研究學習到最關鍵的內容是，分析遙視目標的可能性是超能力的敵人。如果你對超能力是否存在的認定標準是以能多準確地讀取美元鈔票上的序號，或其它分

析性資訊的話，那麼你可能只會得出超能力不存在的結論。

這個概念始於知名的揭弊者（muckraker）兼作家厄普頓·辛克萊，其於 1930 年的著作《心靈電波》中，詳細描述他與妻子瑪麗·克雷格（Mary Craig）成功執行多年的心電感應圖片繪製實驗。

克雷格是名誠摯且有靈性的女人，其對超能力感知過程了解深入，無論是直覺或分析。以下段落擷取自《心靈電波》一書中的一大章。在此擷取書中這些段落，是想證明克雷格對心靈之間的聯繫已達爐火純青之地步。下述段落講述其對於「有意識的讀心術」技巧：

你得先學會集中注意力或專注力的技巧……專注於一件物品上……不是請你思考，而是請你抑制思考……。

你得抑制去思考、審視、評價，或讓記憶中的經歷影響該物品的衝動……同時，你必須學習放鬆，因為奇怪的是，人在專注時一部分是處於完全放鬆的狀態……在特定的操弄下……。

　　另外，還有另外一點，就是監控此狀態的力量。當你成功建立一種空白的意識狀態，但卻能立即變得有意識……另外，當你準備好變得有意識時，某種程度上，你能控制要呈現於意識的內容。

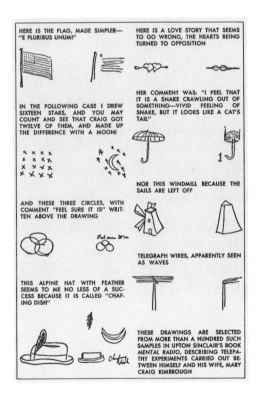

圖 37　厄普頓・辛克萊於 1930 年發表的 8 種心電感應實驗範例

　　《心靈電波》一書中，辛克萊介紹了其與妻子進行多達 150 次的圖片繪製實驗。正如上文所述，她練就了高超的技能及洞見，讓她處理心靈圖像的技巧更臻完美。圖 37 展示辛克萊劃時代的巨作中的 8 張代表性圖片。

　　我在上一章提到，愛因斯坦在《心靈電波》寫的序中對辛克萊的實驗表達讚賞。進行這些實驗時，愛因斯坦及辛克萊居住於紐澤西州普林斯頓，因此愛因斯坦有機會目睹其中一些實驗。他的序中寫道：

　　本書闡述的心電感應實驗結果既仔細又清晰，到了一般人想也想不到的境界。另一方面，像厄普頓・辛克萊這麼認真的研究員及作家來說，他不可能蓄意欺騙讀者，他的誠信及可靠禁得起考驗。

　　遙視是安全且開心的活動，在家練習時不需擔心會招致可怕的後果。然而，其他種活動可能會有點「危險」。自羅伯特・門羅（Robert Monroe）的書《靈魂出

體之旅》（*Journeys Out of the Body*）問世以來，大家不斷問我遙視與靈魂出竅之間的關聯。以下是我對此問題的簡要說明。

遙視進行時，你得靜下心來描述出現在意識中的影像（即你的心靈螢幕），並聽從引導者給出的建議，例如「我需要你來描述一個目標或一個藏起來的物品」。你可以描述及體驗物品的顏色、形狀、形態、重量，亦可描繪在指定地點的整體建築外觀，甚至能遙視進入遠處的建築內部，而這也是與靈魂出竅的交疊之處。

基本上，遙視到靈魂完全出竅是一個連續的過程，中間無明顯的間隔。進行靈魂出竅時，你一般得從簡單的遙視著手，接著將情緒感知、靈敏感知及性感知帶入其中，直至自己覺得舒適的程度為止。

與遙視不同的是，由於情感大量投入的關係，你絕對會在實驗進行時嚇到自己，你不只會改變對遠處目標的看法，亦可能與目標對象有情感上的重大交流。（羅伯特・門羅講述其執行靈魂出竅時拜訪的一位女性，後

來變成他太太的故事。）

　　就我的個人經驗來說，靈魂出竅體驗更加逼真、生動，如同置身於電影情節中，遠勝於那種在虛無飄渺之間來回打轉的遙視體驗。靈魂出竅有更高（更詳盡的）資料傳輸速率，參與程度更高。儘管如此，隨著遙視員經驗的不斷積累，他們的感知也會愈驅穩定。

　　我發現靈魂出竅與清醒夢的感覺類似，你會發現自己在夢中是清醒的。當你學會及認知到清醒夢，你便永遠不會受惡夢掌控，你反而能在夢中積極參與。史丹佛大學的史蒂芬・賴博格博士（Stephen LaBerge）因其對清醒夢的研究而獲得博士學位，並於過去 20 年來一直教授此門科目。

　　我跟我太太派蒂曾去夏威夷，參與由賴博格主辦為期 10 天的「夢境之旅」行程，學習清醒夢。在練習一星期後，我做了一場愉悅的飛行夢，成功地飛出房間，飛越了陡峭岩石的黑色海灣，以及月光下閃閃發亮的海洋，緊鄰我們居住的修行處所。我亦完成這趟旅程的目

標，那就是學會控制偶發的可怕惡夢，這是未參與前完全做不到的。然而，請記得清醒夢與靈魂出竅無關。夢裡所見的事物未必（通常）不存在。

大圓滿藏傳佛教大師南開諾布仁波切（Namkhai Norbu），於其小書《夢瑜伽與自然光的修習》（*Dream Yoga and the Practice of Natural Light*）中教導說，掌控夢境可為你的中陰（bardo）之旅作好準備——這段時間是你必須與寂靜與極為嚇人的憤怒神靈本尊接觸的階段。我的看法是，大圓滿佛教無疑是通往自由、真實及自行解脫的快速途徑。

我們從未在史丹佛研究所教導過清醒夢，因為我們不想讓任何人感到不適，從而向管理層甚至政府投訴說，我們將其意識從體內提取出來，令其無法好好回歸體內。

有人說靈魂出竅能體會強烈且相當真實的性愛體驗，包括跨性別人士，可以在性別之間切換，感受到不同的刺激。你可能會有生理反應或一次能量上的相遇。

英果‧史旺稱之為「性透視」，並描述「性愛氛圍是透視與心靈感應（telesthesia）結合而成……包含感覺的移轉」。

史旺的著作《通靈的性》（*Psychic Sexuality*）講述的都是靈界的性與超能力，其解釋道，對通靈本質抱持著完全開放心態的好奇人士來說，會有機會探索多重且不是在特定地區的性體驗。但是，這種愛的交流必須是建立在成年人合意性交，否則便是通靈性侵。英果稱這種體驗為心靈感應，是一種心靈與心靈的聯繫，而心電感應則是心與心之間的聯繫。我發現性與超能力是天生一對，這兩者在西方社會都受到壓迫，造成諸多不必要的苦難。

《阿萊斯特‧克勞利的自白》（*The Confessions of Aleister Crowley*）是一本值得熱愛冒險的人讀的好書，本書作者是名喜歡冒險的魔法師，書中講述其透過性、藥物及超感官知覺，開啟靈界探訪經歷。

有關此一主題的教導手冊有西爾萬‧莫爾登（Sylvan Muldoon）與赫里沃德‧卡靈頓（Hereward

Carrington）合著的《靈魂離體》（*The Projection of the Astral Body*）。我相當推薦這本由靈異旅行者及科學家於 1929 年出版的專書，有助於理解早期靈魂出竅的觀點，以及為執行靈魂出竅提供滿意的指導。

我能親自證實，在令人滿意的雙盲實驗情況下，上述幾乎所有的實驗皆為真實。大家都知道，進行心電感應不受距離制限，因此進行上述這些實驗時都不需感到訝異。

麥金利・肯托（McKinley Kantor）因其描繪美國內戰的著作《安德森維爾》（*Andersonville*）榮獲普利茲獎。他亦出版過一本有關靈魂出竅的小說《別碰我》（*Don't Touch Me*）。我在父親出版其著作《安德森維爾》時認識了他，與他在派對上交流時，我得知了《別碰我》這本書，了解到書中內容並非純粹是創作，有一定比例是基於他韓戰時期的親身經歷。

小說中，肯托記述美國一名士兵與其熱戀情人跨越太平洋的愛情故事。這名女子愛慕著她的男友沃爾夫，

但時差的因素讓這遠距離的戀愛倍感艱辛。然而，有一股相當強大的通靈力量，讓分隔兩地的戀人相聚。因為肯托其他作品的描繪的手法寫實到不像杜撰，這本以第一人稱敘述的作品何嘗不是呢？

有天晚上，在慶祝麥金利‧肯托的著作《安德森維爾》獲普利茲獎的派對上，我跟他和其及將臨盆的妻子坐在一起，他們愉快地向我證實，《別碰我》這本書不是虛構。

第九章

將超能力融入生活

　　我於 1934 年出生於芝加哥，是名美國物理學家，我很幸運能擁有優秀的父母親，而沒有任何兄弟姊妹。我既高且瘦，上中學時的我長到 183 公分，長相奇怪的我，還穿著一雙直排輪鞋。所以這到底與超能力有什麼關係？且聽我娓娓道來。

　　身材高瘦不全然是壞事，但我從以前到現在視力都非常差，不管我坐離黑板多近，我都看不到黑板上的字。這可能是導致我後來選擇研究光學和雷射的原因之一。我的父母親也很清楚，即便是矯正過的視力，也幾乎與法律上訂定的盲人視力標準沒兩樣，因此我後來也無法在紐約街頭騎腳踏車，至少當時無法。

　　到了 1949 年，我滑輪已近 10 年，而且未曾發生意外，我當時 15 歲，是名高三生，那時對我來說，英磅貶值是件大事，這意謂著我能搭捷運去梅西百貨，以 50 美元的價格購買一輛全新且從英國進口的萊禮變速三段速自行車，這價位可以從我撲滿倒出來的錢支付。

　　我從第 5 大道騎著車回到格林威治村的自家公寓，拿著它搭電梯。不久後，我們遷至皇后區，我每天都騎

數公里去皇后學院（Queens College），連續 4 年。我稍後會談到摩托車，我的交通工具故事不僅有趣，還有點神秘，但故事真正開始是從芝加哥。

圖 38　威廉·塔格的芝加哥書店

　　我的母親安妮是名作家兼公關。我的父親威廉在芝加哥市區經營著一間書店。在很小的時候，我就知道書店有很多知名作家光顧過，我們會聽到理查·萊特（Richard Wright）、詹姆斯·法雷爾（James T.

Farrell）、尼爾森・奧爾葛蘭（Nelson Algren）、馬里
奧・普佐（Mario Puzo）等人的近況。

　　後來父親成為紐約出版商後，他便自行包辦所有出
版工作，包括普佐的《教父》。父親於芝加哥相當知
名，因為對罕用書及收藏書的濃厚興趣及淵博知識。此
外，他對科幻、神秘主義及魔法亦非常感興趣。

　　父親書店旁開了一間魔術道具專賣店，出售的機械
式魔術道具，吸引了一個對機械感興趣的 8 歲小男孩。
我的第一個「魔術」道具是一套堆疊式的木製箱子。這
箱子有機關，如果我的手裡藏著 25 美分的硬幣，我能讓
它神奇地重新出現在箱子最裡面的小袋子中。

　　我很快便有了「魔術套組」，裡面有魔術連環和一
疊作記號的卡牌。有什麼能比學會愚弄成年人更有趣的
事呢？這應是我第一次假裝我能讀心。

　　到最後，我已能嫻熟運用一般的撲克牌佯裝會讀心
術。你們一定都聽過魔術師的口頭禪：「隨便挑一張
牌。」當你走到這一步時，魔術師已經知道你想選哪張

牌，而他的口袋中有一張一模一樣的卡片，這是我最愛的套路。

在我 12 歲的時候，我們舉家搬遷至紐約市。我國中時居住在哈德遜街的濱水區，午餐休息時間，我有時候會乘坐渡輪，穿越河上的浮冰前往紐澤西州霍博肯。若我們被浮冰困住的話，有時就上不了課了。哪個小孩子不喜歡呢？

我可以從學校沿著克里斯多弗街走 1.5 公里回第 5 大道的家，但我真正感興趣的是 42 街上的胡伯特跳蚤馬戲團與「博物館」(Hubert's Flea Circus)。只要花 25 美分，就能去地下室，看一位專業魔術師在距離我僅數公尺的台上，表演近距離魔術，亦可以觀賞到能弄彎鐵道釘子大力士，以及一位能用腳趾頭打字的無臂女子。還有一位名叫艾伯特／艾伯塔的人，其擁有男性及女性外生殖器官，博物館方稱呼其為雌雄同體，但現在有禮貌的人會稱她為雙性人。

對當時才 12 歲的我而言，實在是難以接受。我會用

另一個 25 美分的硬幣，去射擊場拿步槍裝上點 22 口徑
實彈參加射擊遊戲。我的視力雖差，但絲毫不影響我射
中 7.5 公尺外靜止目標的能力。我事實上有過一把點 22
口徑的華瑟自動槍，我會帶它到當地的室外射擊場練習。

圖 39　位於 42 街上的胡伯特遊樂場，當時（1946 年）門前正有一場
魔術表演

　　回到 42 街，在玩樂完後，我會走上樓，在與魔術表演同一棟的大樓裡，參觀專業魔術零售店，如霍爾登（Holden's）或迪羅賓斯（D. Robbins），他們會示範如何表演魔術，並讓我買我喜歡的道具，如果我買得起的話。這些商店至今仍有營業，這亦是我第一次聽到人們談論心電感應的場所，當然這地方談論的都是假的讀心術，但總得有個開始嘛。

　　那時，有一位偉大的魔術師黑石（Blackstone）來到了紐約，我父親想辦法買到靠近舞台的門票，所以能將魔術師的一舉一動盡收眼底。看見漂亮的女表演者在我眼前一閃而過不知去向時，讓我相當激動，雖然我很清楚她去了哪裡。觀賞黑石魔術表演的經歷極大地激發了我的興趣，促使我上台表演「假」魔術。

　　而就在同一時間，父親出版了俄羅斯「惡名昭彰」的靈媒赫蓮娜・布拉瓦斯基的傳記，她是神智學協會的創辦人，以及世界知名的靈媒愛琳・嘉瑞特（Eileen Garrett）的傳記，她也擔任超自然心理學基金會（Parapsychology Foundation）的主席。拜讀她們的

故事鼓舞我對超自然領域的探究。愛琳．嘉瑞特的辦公室位於 57 街以西，緊鄰父親的辦公室，剛好對面是俄羅斯茶室（Russian Tea Room），這並沒什麼不好。

歷經 2 年在胡伯特跳蚤馬戲團的洗禮後，有一次我在上二年級生物課時，老師向我們班介紹了一名衣著整潔、相貌堂堂的高年級學長，羅伯特．羅森塔（Robert Rosenthal）。他當時想跟我們這些調皮的 14 歲學生，講述從約瑟夫．萊茵的超感官知覺卡牌學到的趣聞。他向我們展示現在很知名的齊納卡，上面有圓形、十字、波浪、方形及星形。他拿了好幾副卡牌讓班上同學傳看。

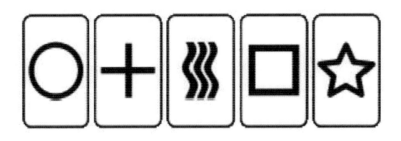

圖 40　齊納卡

羅森塔解釋，在這些牌蓋起來的情況下，只有其中一人知道是什麼牌的時候，有些人就能猜中。大家都知道這種能力是心電感應。他接著說，有些在萊恩實驗室的參與對象，甚至能在沒有其他人看到卡片的情況下，正確說出是哪張牌，這種能力我們稱為透視能力——幾乎當時所有人對此名詞聞所未聞。這鼓勵我們組成小組來猜測另一個人正看著的牌，對於結果你聽到絕對不會感到意外，因為錯誤率非常高。

儘管如此，我對此仍深深著迷。於是隔週六，我從居住的皇后區，搭乘捷運至中央公園西路上的美國靈異研究協會（American Society for Psychical Research）。櫃台前的女士非常禮貌且友善，對我一個來自皇后區的近視乾瘦小夥子。他們看得出來我懂點什麼，而且渴望了解更多。他們讓我入內參觀，並給了我幾份他們的刊物帶回家。過了數年，我將所有刊物全讀完，這毫無疑問是羅森塔及其熱情引領我走向這條道路。

羅森塔後來成為知名的哈佛大學心理學教授。他發現一種「實驗者效應」（experimenter effect）現象，即研

究員通常能左右自己堅信的實驗結果。這種現象最令人擔憂的實屬畢馬龍效應（Pygmalion effect），即教師若對偏袒的學生有更高的期望，則學生測得的智商能大幅增加。

當時 14 歲的我才了解什麼是真實的魔術，但我那時仍在台上表演假魔術，又過了 20 年，我才實際接觸到真正強大的魔術。

我家人的好友約翰‧格斯（John Groth）曾是二戰時期的戰地記者兼藝術家。1948 年他想在紐約藝廊舉辦藝術展，慶祝以及販售他近期創作的水彩畫和粉彩畫。這聽起來有點奇怪，但約翰開口問我父親是否能讓我在開幕當天表演魔術。我認識約翰及他太太安妮，我亦很榮幸能為他的個展揭幕。

這是一場相當正式的聚會，每個人都得購票入場，支持約翰。觀展人花約半小時一邊欣賞約翰的藝術作品，一邊喝著冰香檳，然後輪到我上場表演半小時的魔術。我雖然是個小孩，但我的技巧純熟到不會有人因我

的表演而感到尷尬。

　　後來，出乎我意料的事情發生了，安妮請我過去並說：「我們的年輕魔術師將伸手進大杯子裡，挑出一張得獎彩票，得獎者能獲得一幅約翰的美麗畫作。」這與舊時電影票根一樣，每張票都會印上一組數字。我將手伸入杯中，攪動約莫 200 多張的彩票，並挑出一張遞給安妮，因為數字太小我看不清楚。

　　安妮看了一下彩票，讀出 5 或 6 個數字。她大聲喊道：「有沒有人有這個號碼？」無人回應。我突然想到入場時，有人給了我一張彩票，我伸進夾克並拿出彩票，正如你現在猜到的那樣，我贏了！大家此刻一陣喧鬧，不知該如何處理。安妮說：「正確的做法是讓我保留我正大光明贏得的畫作，並示意我再抽一張票。」

　　我便再一次攪動彩票，並挑出一張遞給安妮。她唸出一組數字，再次陷入漫長沉默後，我聽見父親從後台喊道：「他又猜中了，換我中獎了。」

　　從 200 張彩票隨機挑出 2 張中獎彩票，而且都是我的家人——這機率約為 4 萬比 1。為了紀念這前所未見

的共時性（synchronicity），我今天將這兩幅美麗的水彩畫錶在桌上。

圖 41　約翰．格斯的畫作「美國士兵給荷蘭小女孩糖果」

這是場美妙的事件，直到現在，過了 75 年，我仍在思考著共時性。卡爾．榮格（Carl Jung）及優秀的物理

學家沃夫剛・包利（Wolfgang Pauli）共同撰寫一本探討非因果事件，或稱共時性的神秘世界書籍。本書名為《自然與靈魂的詮釋》（*The Interpretation of Nature and the Psyche*）。榮格在其病人身上觀察到共時性及預知夢的現象。

包利自己常有預知夢，這些夢提醒著他，這些不純粹是因果關係使然，因而讓物理學家感到頭疼。他亦意識到，如果他出現在一個進行敏感實驗的小鎮上，這足以保證實驗不會成功。在超能力研究中，我們稱此現象為逆超能力有利型體質（psi-conducive personality）。

在共時性方面，這需要連續 11 次的巧合，才能讓星門計畫得以推進。我會於本章的星門計畫小節中談論。另一本涉及巧合的好書是由亞瑟・庫斯勒（Arthur Koestler）撰寫的《巧合的根源》（*The Roots of Coincidence*）。

到了 1954 年，我已然將胡伯特遊樂場拋諸腦後。我從皇后學院畢業，並修習許多心理學課程，亦獲得物理

學學位。修習變態心理學課程那年，對我來說應該是最具啟發性的一年，這門課為我後來擔當的計畫提供絕佳幫助，我於該計畫中教授學員如何接觸藏匿於其內心的通靈能力。

圖 42　約翰・格斯的畫作「鬥牛」

1956 年，我離開哥倫比亞大學，我讀了 2 年，只是個資質駑鈍的研究生。學校沒有將我開除，但我後來了解，皇后學院並沒有讓我做好成為理論物理學家的準

備，而這卻是哥倫比亞大學的學習重點。我那年 22 歲。

　　也是在這一年，一名科羅拉多州的商人莫雷‧柏恩斯坦（Morey Bernstein）對催眠術產生業餘愛好，他哄騙一名來自愛爾蘭的年輕女子講述自己的前世，她的前世名為布迪‧墨菲（Bridey Murphy）。柏恩斯坦的著作《尋找布迪‧墨菲》（*The Quest for Bridey Murphy*）於 1956 年出版，成為當時的暢銷書。正是柏恩斯坦的一次公開講座，吸引我拜訪座落於東 53 街，外觀為褐色石製建築的紐約神智學協會。

NOVEMBER, 1895.

1. On the Watch-Tower		177
2. Orpheus (*continued*)	By G. R. S. Mead	185
3. Theosophy among the Quietists	By Otway Cuffe	198
4. Musings of a Neophyte. No. II.	By A. A. Wells	205
5. Occult Chemistry	By Annie Besant	211
6. An Astral Experience		220
7. Recurrent Questions		225
8. Dreams	By C. W. Leadbeater	229
9. Early Christianity and its Teachings (*continued*)	By A. M. Glass	245
10. Theosophical Activities		252
11. Reviews		257
12. Theosophical and Mystic Publications		261

圖 43　安妮‧柏桑的通靈元素週期表

赫蓮娜‧布拉瓦斯基於 1875 年創立該學會，我了解到她感興趣的事，同樣使我著迷。她曾經說過：「本學會的宗旨是探尋宇宙的奧秘，以及拓展人類潛藏的能力。」她與其熱誠的超能力同事安妮‧柏桑和查爾斯‧萊彼特，成為應用透視能力的成功先驅。如我前章節提及，安妮‧柏桑於神智學雜誌《路西法》上發表了通靈感知到的氫原子圖畫，這比提出夸克的理論早了 75 年。

在神智學協會，我開始學習冥想。我對約翰‧渥德羅夫爵士（Sir John Woodroffe，筆名為亞瑟‧意瓦隆）編著的大本插圖書裡頭的昆達里尼冥想內容（kundalini meditation）產生興趣。這本書《蛇的力量》（*The Serpent Power*）介紹如何覺察「潛藏在人體內的神聖宇宙能量」。這是沿著你脊椎（沿著脈輪）的「蛇」的能量，你可學習如何「喚醒」。這種能量操控可以很愉悅，也可能變得危險。著名的神秘主義瑜伽士哥比‧克希納（Gopi Krishna）的諸多著作中描述，若在沒有老師指導之下，練習昆達里尼冥想相當危險。

除了體驗驚人的能量之外，你另有機會「開啟頂輪」，獲取進入宇宙的方式，我發現這特別有趣。然而，我確實經歷過一次不請自來的恐怖體驗，促使我結束自行體驗昆達里尼冥想的探險。

在此期間，我亦與美國神智學協會的主席朵拉·昆茲（Dora Kunz）成為了好朋友，其亦為「觸摸療法」的創始人之一，此種療法廣受護理師採用。她的敏感體質促使她開發出觸摸療法，其中一部分原因是她能看到，或直接感受到磁場的威力。我曾親眼目睹了這一點，當時她允許我將小磁鐵藏在其辦公室的各個角落，朵拉能說出磁鐵的藏匿地點，亦能描述她對磁場的感受。

認識朵拉不久之後，我去英格蘭拜訪劍橋大學的一位朋友，我乘座豪華郵輪新阿姆斯特丹號，橫渡大西洋，過了美好的五天。每天除了打乒乓球、橋牌和吃東西之外，我無事可做。

在劍橋大學，我的好友阿諾德·法登（Arnold Faden）是名經濟學家，也是國王學院的訪問學者，他幫

助我找到一名教授，其研究正是我想了解的。這位教授在研究人類感受到光幻視（彩色光，visual phosphines）時，需要多大的磁場。這乍聽之下很有趣，但看見他進行研究的情況時，我發現這跟我想的不同，在實驗中，他使用一種強大的微波磁控管（microwave magnetron）操作。

後來，阿諾德找到一個生物實驗室，裡頭在研究近乎失明的裸臀魚（Gymnarchus niloticus），俗稱反天刀魚。此魚種會從尾部放出微電流，頭部的感測器可以探測到類似雷達的電流訊號。而這似乎更符合我的要求，我們可以用磁鐵收集這些魚，就像收集鐵屑一樣。這些魚能偵測到微弱的磁場，就像朵拉一樣。這個存在動物界的小磁場，給了我直接感知的清晰案例。我學到了不必用微波「加熱」人，也能探測到磁場。

在離開劍橋後，我找到了英格蘭神智學協會，在倫敦南部的一個叫坎伯利的小鎮，並在當地參加了開心的夏令營。我從當地驅車穿過曠野，一路來到蘭茲角，

拜訪一名與神智學協會有聯繫的英國主教，在返回美國之前，我與其渡過了開心的一週。而現在是時候告訴你們，我到底騎著嶄新的摩托車去了哪裡，以及英格蘭的哪些地方了！

圖 44　左圖為羅素的 50cc 摩托車，右圖為我這個「盲人」在矽谷騎了 35 年的 250cc 本田夜鶯（Nighthawk）

　　我真的沒有蒙蔽別人思想的能力，真的沒有。只是在信賴人的英格蘭面前，如果你只想獲得「學習」駕駛證，則不需要考視力測驗。只有單純的筆試判斷你的品

行是否良好。筆試最後一道題是問你能否在距離 22 公尺的地方看清車牌號碼。當時在一個陌生的國家，一個陌生且擁擠的商店裡的我，再加上視力很差，我竟把問題讀成「7.5 公尺」。我於是答案寫「是」，認為自己不會有任何問題。

我確實在英格蘭的這四個月，沒有遇到任何意外事故。我成功地騎著我的 50cc 輕型摩托車，從劍橋一路騎到南部的蘭茲角。回美國後，我說服了機動車管理局的承辦人員，讓他們相信我手裡持有英格蘭駕駛執照，而且「英國甚至不靠道路右側行駛」。這樣的我竟然可以得到美國駕照，而不是屁股上挨了一腳，這是我從未想過的。或許我真的有蒙蔽別人思想的能力呢。

那年九月，我回到美國，開始了我第一份有薪工作。 我當時是一名微波工程師，為在長島大頸的斯佩里陀螺儀公司（Sperry Gyroscope Co.）從事研究工作。我的老闆是一位非常親切的物理學博士莫里斯‧艾騰伯格（Morris Ettenberg），其亦於我家附近河濱大道上的希

伯來神學院教授《米德拉什》（Midrash，即希伯來聖經的註釋集卷）及《妥拉》（Torah，即一般常稱的《摩西五經》）。我在哥倫比亞大學讀的 2 年研究生課程，成功獲得老闆賞識。莫里斯知道我對超能力感興趣，而且這似乎沒有影響我們之間的關係。事實上，我突然想到，莫里斯雇用我可能主要是為了與他聊天，在車程一個小時從斯佩里回我們曼哈頓上西城的家。

有一天，當我們開車回家時，陽光照射進我的雙眼，我告訴莫里斯我看到了一個圖像。在一張黑白圖片上有希伯來語文獻，圖片邊緣有紅花及綠葉，放置在一張有蠟燭的橢圓形桌上。我看不懂希伯來文。莫里斯說，這聽起來像是他在布魯克林的拉比（rabbi）飯廳。

隔天，莫里斯邀請我去他位於河濱大道的家。他聯繫拉比，經拉比確認，他有這種文件，而莫里斯很好心地驅車前往布魯克林拿取這份文件。這是一份希伯來語手稿的影本，上面的綠色勾勾代表是拉比認為正確的句子，紅色的圓圈代表錯誤。看見這份文件真的讓我感到非常震驚，因為這是一個完全沒有施加干預、正確的夢

的影像。莫里斯似乎也很震驚。

我父親當時出版愛琳・嘉瑞特的自傳時，我曾拜訪她位於 57 街以西的辦公室，她給了我一本由超自然心理學基金會出版的她的專書《心靈、物質及引力》（*Mind, Matter, and Gravitation*）。書中描述瑞典籍物理學家哈康・弗渥德（Haakon Forwald）的念力（psychokinesis）實驗，其在研究金屬立方體從斜坡上滾落時，實驗對象使該立方體偏移的能力。在控制得宜的情況下，他連續幾年都獲得成功。

愛琳曾要求我為她的實驗室主任卡利斯・奧西斯（Karlis Osis）製作一個類似的小型機電裝置。我照做了，而他們運用我製作的裝置及 10 粒塑膠骰子，發現與弗渥德的研究結果相仿，這些骰子會沿著斜坡掉到一個圍住的桌面上（我相信超自然心理學基金會至今仍保留著這個製作精良的裝置）。

圖 45　愛琳‧嘉瑞特從事靈媒及超自然心理學家一職已 50 年

　　在斯佩里公司，我在製作電子射柱（electron-beam）微波管，亦稱「行進波（traveling wave）」管。我認為慢電子比金屬或塑膠立方體更容易偏移。在莫里斯‧艾騰伯格的幫助下，我製造出一個電子射柱真空管，其射柱速度特別慢，而我用它來驗證，一名工程師

能透過操縱意念，將電子射柱向左或向右移動，我稱此裝置為電漿調變器（Plasmatron）。實驗結果記錄在圖紙上，並發表於愛德格·米契爾（Edgar Mitchell）的《心靈探索》（*Psychic Exploration*）選集上。一位熱衷於本研究的工程師，給出一個很強的訊號和噪音比率，而該比率正是我發表的結果。

1958 年，我因單核白血球增多症（mononucleosis）住院休養，我的哥倫比亞大學同學戈登·古爾德（Gordon Gould）來探病。戈登知道我當時正開心地與莫里斯·艾騰伯格，研究高功率微波。戈登此時也在長島創立一家新公司——技術研究集團（Technical Research Group），以製造出全世界第一台雷射裝置為目標。在那時，我已經在氣體微波放電領域積累了 3 年的實務經驗，而這正是研發雷射所需要的。

我跳槽到技術研究集團，在那裡我有機會建立世界上最早的雷射實驗室之一。我們並未研發出最早的雷射裝置，是泰德·梅曼（Ted Maiman）於 1960 年 5 月 16 日，在加州休斯研究實驗室（Hughes Research

Laboratory）製造出第一台雷射裝置。這是將明亮的閃

光燈照射在一根紅寶石棒上而激發的。

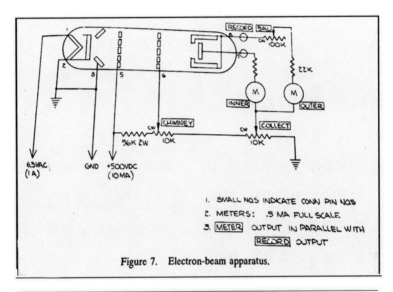

Figure 7.　Electron-beam apparatus.

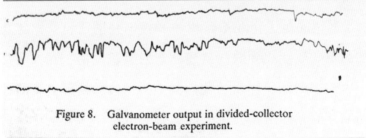

Figure 8.　Galvanometer output in divided-collector
electron-beam experiment.

圖 46　電子射柱示意圖以及公佈的相關數據

但是我相信，我的同事兼好友吉羅德・格羅夫（Gerald Grosof）與我一同製造了世上第一台雷射放大器（使用汞及氖），這對最終授予古爾德極珍貴的雷射專利，起到了重要作用。（戈登是第一位申請雷射專利的人，但他直到 1987 年才打贏與貝爾實驗室的專利權爭奪戰）。我在技術研究集團工作了 3 年，締造數種不同的「第一」佳績。

1962 年，我結婚並有了一個兩歲大的女兒伊莉莎白。我的太太喬安在曼哈頓上西城 12 樓的公寓裡，冒著大雪照顧著一個早熟的小孩，這對她來說相當煎熬。喬安非常嚮往之前居住過的陽光明媚的加州，因此我得找一份新工作。

幸運的是工作並不難找。我僅需翻閱《科學》雜誌的封底，便能找到數間欲建立雷射實驗室的公司，而其中有許多間都在加州。我向其中兩家位於帕羅奧圖的公司寫了封信，兩家公司都很樂意支付我車馬費至當地面試。我後來選擇希凡尼亞公司（Sylvania），因為該公司在山景城有一個大型研發實驗室，而且員工都很友善。

　　在那裡工作幾年後，我發現先進研究計畫局（Advanced Research Projects Agency）正在尋找製造1,000 瓦雷射裝置的方法，這激發了我製造這種雷射裝置的念頭。我曾在麻省理工學院林肯實驗室，見識過這種二氧化碳雷射裝置，但問題是它有 30.5 公尺長啊！

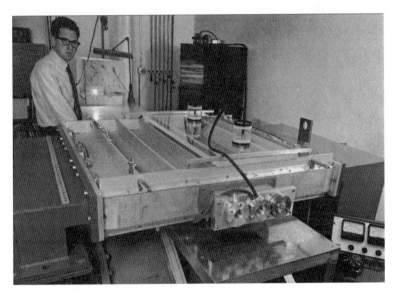

圖 47　1969 年，希凡尼亞實驗室的 1000 瓦二氧化碳雷射是世界上功率最高的雷射裝置

　　我有個把雷射裝置做成一公尺大小的想法。可以用一個大風扇及汽車熱交換器，對雷射裝置進行空氣調節。我與其他兩名工程師研發這台機器將近 1 年。1969 年，我們的功率突破了千瓦大關，並於紐約 21 俱樂部舉行記者會。我們稱此機台為「氣體傳輸雷射裝置」（Gas Transport Laser）。這個計畫非常成功。我們出售了一台給奇異公司（General Electric），用於動力汽缸（locomotive cylinders）熱處理。我們亦出售一台予洛克希德飛彈與太空公司，我最終跳槽到那裡工作。

　　從上圖可以看出，第一款雷射裝置相當巨大。裝置旁邊有一根 1 公尺長的測量桿，可以讓人了解雷射裝置的大小，而後面的大汽缸裝有循環扇。在下圖中，我用雷射裝置的全部功率在防火磚塊上鑽了一個洞，給一名持質疑態度的陸軍訪視員留下了深刻印象。之後，我將砌好的防火磚遞給他，整塊磚上有一個燒紅的洞貫穿頭尾，並閃閃發光著。他後來便相信了我，可是我的眼角膜遭紫外線灼傷，與雪盲沒什麼不同。我的墨鏡擋住了 1,000 瓦的雷射，但那塊防火磚卻沒這麼幸運了。

經過 10 年的雷射研究後，我開始認真探尋進入超自然心理學研究的途徑，而這是我從中學開始便涉足的領域。根據我的人生經驗，我確信通靈能力是與生俱來的。而且，根據我所使用的超感官知覺訓練機器的經驗，我認為我有能力幫助別人開發自身的通靈能力，亦願意犧牲非常成功的雷射事業，來嘗試這門工作。

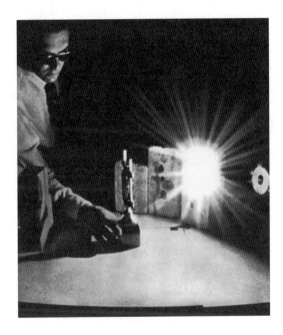

圖 48　雷射操作

我 1972 年 4 月前往中情局，與生命科學處（Life Science Division）處長基特・格林博士交談。他對我想做的研究頗有興趣，而且他當時已提供我的好友安德利亞・普哈里奇（Andrija Puharich）東方集團（Eastern Bloc）的超感官知覺資料。可惜與我的會談沒有任何實質性的進展，與此同時，我的好友琴・米勒（Jean Millay）正在伊薩蘭學院（Esalen Institute）舉辦一場研討會，展示她的生物反饋腦波同步裝置。能夠同步（phase lock，又稱相位鎖定）α 腦波的人，會掉入一種強大且震驚，富有同情心及慈愛的狀態。她在研究同時性的議題，而我卻即將體驗到一連串的共時性現象。

琴邀請我至伊薩蘭學院展示超感官知覺訓練機器，並就俄羅斯及美國的超感官知覺研究發表演講——這是我一直在從事的研究，自父親 70 歲大壽聚會上認識希拉・奧斯特蘭德（Sheila Ostrander）和林恩・施羅德（Lynn Schroeder）後。他們合寫《鐵幕之外的通靈發掘》（*Psychic Discoveries behind the Iron Curtain*）一書，而我剛好有機會與之聊到其著作。

　　我後來和琴一起去伊薩蘭學院進行演講，並見到了伊薩蘭學院的創辦人兼經理邁克‧墨菲（Mike Murphy）。第二天，我接到了新朋友邁克的電話，他原先計畫在舊金山的慈恩堂，就美國及蘇聯的超感官知覺研究進行與我類似的演講。然而，他因為生病無法赴約。我能在第二天去舊金山發表才剛在伊薩蘭學院完成的相同演講嗎？這種可能性有多大呢？

　　我欣然接受了演講邀約。演講結束後，一位名叫亞特‧瑞茲（Art Reetz）的人朝我走來。他是美國航太總署的「新項目管理員」，其於5月份將在喬治亞州沿岸的聖西蒙斯島辦理有關「預測執行技術」（Speculative Technology）的會議。那天他正好在街上漫步，經過慈恩堂時，見有人在演講美國和蘇聯的超感官知覺研究，便進來聆聽，他喜歡我的演講，並詢問我是否有興趣再去他辦理的會議做一次演講。作為一名物理學家，這等榮幸我當然不會拒絕。沒錯，我很樂意參加這個高檔新興技術會議。而這種可能性有多大？

　　隔天，我在帕羅奧圖的報紙上讀到，史丹佛研究所

的雷射研究員哈爾‧帕洛夫，將於史丹佛大學就美國及蘇聯的超感官知覺研究發表演講。我參加了哈爾的演講，他從我的雷射研究中知道我是誰。我告訴了他參加航太總署會議的情況，並詢問是否能有機會得到航太總署的資助，以及詢問他是否會贊成我們一同於史丹佛研究所開展超感官知覺研究計畫。他答應了我的請求。

圖 49　華納‧馮‧布朗參與航太總署的會議

在聖西蒙斯島的會議上，我與太空工程師先驅華納・馮・布朗（Wernher von Braun）攀談。他提及其具有驚人通靈能力的祖母，而且當他在操作我帶來的超感官知覺訓練機器時，取得極優異成績的他對結果沾沾自喜。他一次又一次地觸發小鈴鐺，這情況非常罕見。

我告訴馮・布朗，我正在尋求航太總署的資金挹注來研發小裝置，這個裝置能「教導航太總署的太空人對太空船變得更加靈敏，以便預知事故的發生」。他認為這個想法很好，並帶領我與航太總署署長詹姆斯・弗萊徹（James Fletcher）會面。馮・布朗也許仍記得近2年前阿波羅13號差點發生的災難，當時一個氧氣瓶因電源開關過熱而爆炸。

弗萊徹亦認為我的想法很不錯，並同意馮・布朗的建議，提供8萬美元的資金給我，讓我嘗試在史丹佛研究所完成這個專案。我終於成功了！

就在那時，愛德格・米契爾（Edgar Mitchell）朝我們走來，並告知他正與史丹佛研究所的威利斯・哈曼（Willis Harman）合作，執行他自己的計畫——思維科

學研究所（Institute of Noetic Sciences），並表示樂意提
供協助。

圖 50　航太總署的早期的超感官知覺訓練機器

　　第二週，哈爾、米契爾、哈曼與我在史丹佛研究所
主席查利・安德森（Charley Anderson）的辦公室進行
會談。我們協議好運用航太總署的資金，在我 9 月從冰
島回來後，開始在史丹佛研究所進行研究。我那時去冰
島觀看姐夫博比・菲舍爾（Bobby Fischer）參加 1972
年西洋棋世界棋王爭霸賽（他贏了！）。這一個又一個
巧合，造就了星門計畫。

　　1982 年，我離開史丹佛研究所，與另外兩位合夥人凱斯・哈拉里（Keith Harary）及安東尼・懷特（Anthony White）創立德爾福聯合公司（Delphi Associates）。安東尼・懷特是一位成功的商人兼投資者。凱斯是一位非常有天賦的靈媒兼心理學家，曾於史丹佛研究所執行的計畫中，擔任過數年的研究員及遙視員。德爾福聯合公司是一間完全超乎我們想像的公司，其運營 3 年的壽命中，專責兩項大型特異功能專案，以及一些零星計畫。

圖 51　三名星門計畫的一流遙視員

在我們負責的首個專案中，靈媒及投資團隊希望調查利用通靈能力在市場上賺錢的可能性。第二個大型專案則歷時 3 年，是為矽谷遊戲公司雅達利（Atari），設計的超能力電玩遊戲。（順道一提，我們是為數不多公司裡，真正拿到薪酬的顧問公司之一，因為雅達利公司在 1995 年秋天從 20 億美元暴跌至 0。）

在評估市場商機的項目中，我們非常幸運地邀請到了一位充滿靈性且熱情的一流投資家保羅‧坦普爾（Paul Temple），以及一位極具智慧和冒險精神的股票經紀人約翰‧倫德（John Rende），加入我們這歡樂的團隊。

大家都知道，要透過超能力讀取數字或字母是極具困難的任務。因此，我們沒辦法要求我們的靈媒讀取下週在商品交易所裡的紐約證券交易所（Big Board）出現的數字，故我們無法預測白銀價格走向。

相反的是，我們採用了墨比爾斯協會的史帝夫‧肖茲最先開始使用的一種符號協定。他於《通向無限》（*Opening to the Infinite*）一書中，有對此協定進行描

述。而在我們的計畫中，我們將一個不同的物品與下週市場可能出現的每一種狀態（價格）對應起來。我們想提前一週知道「12月白銀」（可於12月之前的任何時間購入）這個商品的價格是「小漲」（不到四分之一）、「大漲」（超過四分之一）、「小跌或不變」，或是「大跌」。這四種個別的情況，可以用四個物品來代表，或與之相對應，例如一個燈泡、一朵花、一本書，以及一個填充動物玩偶。

這為期一週的實驗，我們會要求合夥商人安東尼・懷特——實際是由他負責操盤，因為凱斯和我（遙視員及引導員）是進行雙盲實驗——每週選擇4個差異甚大的物品（正交的目標），並將其中1個物品與4種可能的市況對應起來。

只有安東尼自己知道他選了哪個物品，當然，沒有任何人知道會正確對應到哪一種市況。接著，我會在週一打電話引導遙視員凱斯進行遙視，讓其描述我們將會於週五給他看的物品的印象。

之後，我們的股票經紀人就會依據遙視員遙視到的物品，不論是一朵花、一隻泰迪熊等等，來購買或出售白銀期貨。遙視到的物品是與未來 4 天的市況對應的物品，這就是為什麼這個協議稱為「對應」遙視。到了週末，當白銀最終收盤時，我們會向遙視員展示與市場實際情況相對應的物品，做為回饋。

在 1982 年秋的 9 次市況評估中，7 次命中，但有其中 2 次股票經紀人拒絕接受我們建議。我們共賺進 24 萬美元，由德爾福聯合公司及我們的投資人平分（在 1982 年，24 萬美元可是一筆鉅款）。事實上，我們公司上了《華爾街日報》的頭版。文章由艾里克・拉爾森（Erik Larson）撰寫，標題為：「超能力是否能讓公司在白銀市場大賺一筆？」

1983 年，電視製作人托尼・愛德華茲（Tony Edwards）為英國廣播公司的地平線節目（BBC's Horizon）拍攝一部關於我們的影片。該片後來在美國公共廣播公司的新星節目（PBS NOVA）播映，節目名

稱為「超感官知覺案例」（The Case of ESP）。該節目先於英國廣播公司播出，節目時長 90 分鐘，後來在美國播出，時長 55 分鐘。WGBH 波士頓廣播公司向我解釋，他們不得不剪輯掉影片原版中，現場呈現遙視成功的環節，因為美國觀眾的注意力比英國觀眾要短得多。

圖 52　刊登於《華爾街日報》的文章

　　從 1984 年到 1995 年，美國公共廣播公司（PBS）不斷播放「超感官知覺案例」，但後來不知何故，該片從新星（NOVA）節目中消失了。現在就連製作這部影片的 WGBH 波士頓廣播公司，以及發行這部影片的時光之書公司（Time-Life Books）都下架這部影片了。影片的存在並非天馬行空，因為我的辦公桌上保留著數張原版節目的錄影帶和 DVD。

　　諷刺的是，1995 年亦是中情局正式解密，並終止遙視項目的一年。影片為何消失一直沒有得到解釋。我的猜測是，中情局向新星施壓，要求其撤下影片，因為新星是美國版權的唯一持有者，所以只有他們才能徹底斬草除根。

　　公開說明：第 2 年，我們的白銀市況評估並不成功；可能是因為我們的投資人希望加快實驗速度，改為每週 2 次。在這種情況下，遙視員無法及時收到先前實驗的回饋。我個人認為，我們失去了對心靈及科學的關注，遭無限財富沖昏了頭。雖然每個人對我們未能複製

成功的原因眾說紛紜，但我們都非常厭倦別人說我們只是運氣好而已。

好消息是，白銀市況評估在 1996 年再次獲得成功。這次我與我的好友兼寫作搭檔珍・卡特拉（Jane Katra）合作，她是一位擁有健康教育博士學位的心靈治療師，另外還有兩位數學家好朋友迪恩及溫蒂・布朗（Dean and Wendy Brown）。在一個非常友善及開放的氛圍中，我們使用了冗餘編碼（redundancy coding）協定，在 12 次實驗中斬獲 11 次白銀期貨市況評估──這個結果是千分之三的機率。

每一週，珍與我都有各自獨立的目標範圍。冗餘編碼的理念是，我們必須就雙方對市況的評估方向（白銀價格上漲或下跌）達成一致，實驗才得已繼續進行，即便我們各自目標範圍中的物品完全不同。這一極為顯著的結果表明，即使通靈者是業餘人士，冗餘編碼仍然有效。我們後來公佈了研究結果，雖然我們未從中謀利。

在我 40 年前離開史丹佛研究所後，我一直往返世界

各地，教授人們如何進行遙視。我連續 4 年應邀參加一個義大利占星團隊的活動。每年都有 40 名熱情洋溢的女性參加，她們對遙視一無所知，亦不清楚課堂上我會請她們做什麼。

在為期一週的課程結束時，我們會做 1 次雙盲實驗，每個人都會拿到 4 張圖片，1 次 1 張，她們看不到圖片內容，接著試著與其他 4 張圖片中的 1 張匹配，每張圖片都裝在信封袋裡。在每位女士描述並畫完對某張照片的通靈印象後，我會讓其自行判斷信封裡的 4 張圖片中，哪一張最符合她的描述。4 張照片中的每 1 張都會重複此過程。有些人甚至會將信封泡入水中，試圖做出更好的「解讀」。

你大概會預期一人在 4 次實驗中碰巧會答對 1 次。然而，我教授的學員平均 4 次會答對 2 到 3 次。這比預期還高 2 到 3 倍。以一班 40 人來計算，這幾乎是千分之一的機率，每年皆如此。在第 4 年課程結束後，我在最後一次大型小組會議上，講述了這些結果。

會議上我請她們說明，為何義大利女性的遙視表現

比美國女性高出更多。坐在前排的一名穿著黑色時髦洋裝的女士說：「大家都知道義大利女人最漂亮、最性感。為什麼她們的通靈能力不能是最出色的呢？」而我認為這與她們的自尊心相關。唯一能與義大利人相媲美的美國人是來自美國超自然探測師協會（The American Society of Dowsers）的成員，因為他們以靈媒為生。

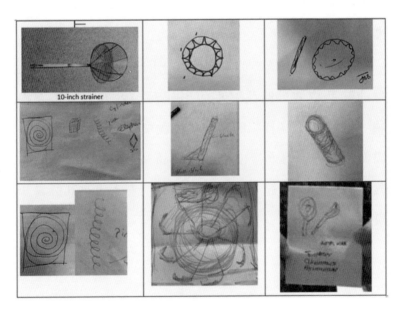

圖 53　學員繪製的濾網圖畫

　　提供上面這些照片的人，曾參與美國「不明飛行物」（UFO）的研究會議。由於他們已對「超自然」現象表達興趣，我因而受邀向其示範如何引導遙視員。我告訴大家，我的公事包裡有個有趣的東西。接著說：「用任何你們熟悉的方式靜下心來。然後將你意識中出現的第一個特別畫面畫下來」。這是我這 50 年來在引導遙視時，不斷使用的措詞，無論是對政府高官，或是來參訪的靈媒。

　　我知道這不是一個雙盲實驗，因為我知道請他們遙視的物品內容，但我對不說出任何提示方面非常有經驗。這群不明飛行物觀察員，在我準備的高難度遙視目標面前仍表現得非常出色。該物品為一個非常大的鐵絲義大利麵濾網。濾網圖片位於照片的左上方，其餘為學員繪製的圖畫。

附錄

佛教高僧　蓮花生大士

圖 54　蓮花生大士像

　　約於西元 800 年，印度大師蓮花生大士應西藏國王之邀，前往當地終結因宗教引起的內戰。他於當地傳授大圓滿佛教，大圓滿不是宗教，而是指人原初的狀態（primordial state），心的本性類似一面鏡子，能自然反射出現在面前事物的能力。冥想的本性亦是如此，無需糾正或修正。修行者只需在進入冥想時，覺察自身在鏡子前的狀態。這是其廣泛流傳的禪修書《藉見赤裸覺性得自解脫》中的教義。

　　蓮花生大士與佛陀一樣都是印度教徒。 14 世紀追隨其腳步的偉大上師龍欽繞絳巴（Longchen Rabjampa），亦稱為龍欽巴（Longchenpa），世人認可其無上《龍欽七寶藏》（*Seven treasuries*）書籍為大圓滿的巔峰之作。這些著作不談論神靈，他們敦促修行者棲身於永恆的覺及無垠的空間之中，體會解脫與自由，因為這是眾生的真實本性。這是遙視者的自然歸宿，而且我們找不著比龍欽巴更重要的上師了。龍欽巴最易讀的著作為《法界寶藏論》（*The Precious Treasury of the Basic Space of Phenomena*），該書傳授的教義深入讀者內心。

　　西元前 200 年，遠早於蓮花生大士的印度籍印度教大師波顛闍利（Patanjali）指出，人若能達到三摩地（Samadhi）的冥想境界，屆時便能窺視遠方及未來。到達此境界，我們能診斷病人並治療所有疾病。雖然波顛闍利提及數次此境界，但卻未告知如何達成。我認為蓮花生大士有意指引我們如何透過修行來達到永恆的覺——至少這是他的意圖。

　　對遙視者而言，這寶貴的教義是要我們注意本性是「永恆的覺」，不受軀體擺佈。因為人的本性是永恆的覺，冥想時你的覺可自由地穿梭時空，不受拘束。因為人的覺是永恆的，不受因果制限。因此，我們所有的資料都顯示，遙視者的覺遍佈一切。

　　正是這樣的情境下，引導者指引遙視員時會說：「告訴我你目前經歷著什麼，別試圖做出更改」。我希望你能善用書中提及的技巧，並能從大師身上學習到一些東西，這樣一來，你也能學會遙視。

致謝

　　我衷心感謝好友茱蒂‧查德森，本書的出版，歸功她在電話上數小時的熱心協助。她找到周延且創意的方式，將我收集的章節大綱變成出版社願意出版的書籍。我由衷感謝。

　　我也想向老友兼同事史帝夫‧肖茲致謝，其於本書中不吝嗇的貢獻與出色的靈媒兼好友英果‧史旺及赫拉‧哈米德的詳盡交流紀錄。

　　我誠心感謝傑弗瑞‧米契夫博士，感謝他在過去一年間對我進行數次的深度採訪。這些探究性的採訪促使我整理所有筆記，寫出這本我個人的遙視教學史。

　　我想特別向赫拉‧哈米德、派特‧派司、英果‧史旺、喬‧默尼格爾，以及蓋瑞‧藍弗特表達最深的謝意，因其大方貢獻強大且獨特的超能力天賦，造就豐碩的研究成果。

　　最後，我想感謝蘭斯‧蒙吉亞，其為 2018 年的紀錄

片《通靈部隊》的導演，並與我擔任共同製作人，此紀
錄片是本書的靈感來源。

高寶書版集團
gobooks.com.tw

NW 279
解密！CIA通靈部隊：監控核武、拯救人質、刑偵破案，美國「星門計畫」及遙視能力開發的真實記錄
Third Eye Spies: Learn Remote Viewing from the Masters

作　　者　羅素‧塔格 Russell Targ
譯　　者　曾建盛
主　　編　吳珮旻
編　　輯　鄭淇丰
封面設計　林政嘉
內頁排版　賴姵均
企　　劃　鍾惠鈞
版　　權　劉昱昕

發 行 人　朱凱蕾
出　　版　英屬維京群島商高寶國際有限公司台灣分公司
　　　　　Global Group Holdings, Ltd.
地　　址　台北市內湖區洲子街88號3樓
網　　址　gobooks.com.tw
電　　話　(02) 27992788
電　　郵　readers@gobooks.com.tw（讀者服務部）
傳　　真　出版部(02) 27990909　行銷部 (02) 27993088
郵政劃撥　19394552
戶　　名　英屬維京群島商高寶國際有限公司台灣分公司
發　　行　英屬維京群島商高寶國際有限公司台灣分公司
初　　版　2023年11月

國家圖書館出版品預行編目(CIP)資料

解密!CIA通靈部隊：監控核武、拯救人質、刑偵破案,美國「星門計畫」及遙視能力開發的真實記錄/羅素.塔格 (Russell Targ)著；曾建盛譯. -- 初版. -- 臺北市：英屬維京群島商高寶國際有限公司臺灣分公司, 2023.11
　　面；　公分. --

譯自：Third eye spies : learn remote viewing from the masters.

ISBN 978-986-506-858-5(平裝)

1.CST: 美國中央情報局(Central Intelligence Agency, United States)　2.CST: 超心理學

599.7352　　　　　　　　　　　112018087